Visual Dictionary

JN043685

自然散策カ

葉っぱ・花・樹皮で
見わける

樹木 図 鑑

山田隆彦 監修
Yamada Takahiko

ⓘ 池田書店

樹木観察を楽しみましょう

本書では、街なかや公園、あるいは野山で出合うことができるさまざまな樹木について、葉の形や花、樹形、樹皮の写真とともに特徴を解説しています。季節によって変化する木々の姿を捉えた写真も数多く紹介しています。本書を通して、樹木を身近に感じ、自然観察を楽しんでください。

本書の構成と使い方

基本データ

主な別名、分布地域、標準的な樹高（つるの長さ）、花がよく見られる花期を記しました。常緑樹・落葉樹（P.5）がひと目でわかるマークも配置。分布地域は、日本を北海道・本州・四国・九州・沖縄の5つに分けて、植物の主な分布を示しています。北海道と沖縄は地方自治体を示すのではなく、大まかな地域の目安です。

樹木の名称

樹木の名前は標準和名を基本にしています。主な漢字名とともに、参考として学名（P.14）と科名（APGⅢ分類体系に準拠）も併記しました。

花写真

花の特徴がわかるクローズアップ写真。

樹木写真

樹木の全景や枝ぶりなど特徴を紹介します。

樹皮写真

樹皮の様子を示します。

解説文

樹木の特徴や生態、似ている樹木との見わけ方など観察のポイントを記します。あわせて、人との関わりなど樹木をめぐるさまざまなエピソードを紹介します。

マサキ【柾、柾木、正木】

Euonymus japonicus ニシキギ科

別名：なし
分布：北海道、本州、四国、九州、沖縄
樹高：1〜6m
花期：6〜7月

●葉の質は厚い。葉身は長さ3〜8cm、幅2〜4cm。葉の先は尖り、縁には付け根近くを除き、低い鋸歯がある

花序は長さ3〜7cm。淡緑色で花弁は4枚

秋、濃紅色の果実が実ります

実は球形で熟すと3〜4裂します

樹皮は暗褐色。縦に浅い溝があります

ずんぐりした樹形。生け垣では定番の木

海岸付近の林内や林縁に生え、庭木などとして広く植えられる常緑低木・小低木です。今年枝の上部の葉腋に花序を直立して出し、7〜15個の花をつけます。果実が開くと赤い仮種皮に包まれた種子が浮き上がります。葉に斑様の入った品種や、オウゴンマサキと呼ばれる葉が黄色い園芸品種もあります。よく生け垣にもされていますが、うどんこ病になりやすいようです。

葉が常に茂りマサオキ（真青木）とよばれたものがなまった、など名前の由来は諸説あります。

226

花や葉に加えて樹木の特徴を適宜、紹介します。

＊準拠資料
学名：「BG Plants 和名−学名インデックス（YList, http://ylist.info）」
科名：「改訂新版 日本の野生植物」（平凡社）
別名：「改訂新版 日本の野生植物」（平凡社）、「新牧野日本植物圖鑑」（北隆館）、「樹に咲く花」（山と溪谷社）、BG Plants 和名−学名インデックス（YList）」

葉の特徴

葉の写真とともに、主な特徴をまとめました（●印の部分）。葉の写真の縮小率 (%) は、長さの比率（距離比）です。

ムラサキシキブ【紫式部】

Callicarpa japonica シソ科

別名：ムラサキ
分布：北海道、本州、四国、九州
樹高：3m
花期：6～8月

●葉身は長さ6～13㎝、幅2.5～6cm。葉の先は尾のように尖り、細かい鋸歯がある

黄色い葯 (やく) が目立ちます。円内は果実

果実

樹皮は灰褐色です

夏から秋にかけ、葉や花・果実の色彩変化を長く楽しめる

低山地や平地の林内や林縁に生える落葉低木で、紫色の果実が美しく観賞用に庭木などとして植えられます。葉腋から花序を出し、薄紅紫色の小さな花を枝の上側につけます。果実は3mmほどで秋に熟します。名前は、紫色に熟す果実の姿を平安時代の作家紫式部にたとえた、あるいは紫色のシキミ（重なった実＝たくさんの実）の意味）が由来といわれます。

庭先などでもふつうに見られる落葉低木です

🔍 くらべる

コムラサキ【小紫】

ムラサキシキブの名の庭木は、湿地近くに生える同属のコムラサキであることが多い。葉は小さく鋸歯は上半部のみにあり、花序は葉腋より上につく点などが違う。

🌱 仲間のヤブムラサキは全体に毛がびっしりとあり、果実の下部は萼片で包まれます。

227

検索アイコン

樹木の葉の特徴を3項目のアイコンで示しました。これらの特徴で、樹木の種類を絞り込んでいくことができます。

・葉の分類 (P.8)

葉を7つのタイプに分けています。

・葉の縁 (P.9)

葉の縁はぎざぎざ（鋸歯）があるものと、ないものの2種類に大きく分けることができます。

・葉のつき方 (P.10)

葉がどのように枝につくかも、大切な見わけポイントです。本書では、大きく、対生、互生、束生・輪生の3種類に分けています。

詳しくは 4 ページ

ミニコラム

🔍 くらべる

よく似ている植物や仲間の植物を紹介。比較することで、観察力が高まります。

📖 フィールドノート

知っておくと楽しい樹木の生態や、生き物たちとの関わりを紹介します。

はみだしコーナー

解説文の補定情報や豆知識を紹介します。

樹木を見わける   4 ステップ

　樹木を見わけるための4つの観察ポイントを紹介します。ページの端にある検索アイコンやマークを参考に、1ステップずつ樹木の種類を絞り込んでいきましょう。

Step 1
葉の形をチェック

本書では、葉を7つのタイプにわけています。P.8「葉の分類」を参考にして、それぞれの葉の形を観察して調べましょう。

分裂　不分裂　羽状　三出　掌状　針葉　鱗片葉

※本書では葉の形から検索できるように一部の針葉樹や裸子植物を、近い葉形の分類に含めて紹介しています。

Step 2
葉の縁をチェック

葉の縁は、樹木の特徴がわかりやすい部分です。P.9「葉の縁」を参考にして、ぎざぎざしているか（鋸歯縁）、ぎざぎざがないか（全縁）を確認しましょう。

全縁　鋸歯縁

Step 3
葉のつき方をチェック

葉が枝にどのようについているかを調べます。葉のつき方を大きく3つのタイプに分けて紹介しています。P.10「葉のつき方」を参考にしてください。なお、種によっては複数のつき方をしている場合もあります。

対生　互生　束生・輪生

Step 4
常緑樹・落葉樹をチェック

冬でも葉が落ちない常緑樹は葉が厚いものが多く、秋に紅葉（黄葉）して葉を落とす落葉樹は葉が薄いものが多いので検索のヒントになります。見出しの基本データのとなりに、マークがついています。P.5「広葉樹と針葉樹」、「常緑樹と落葉樹」も参考にしてください。

常緑

落葉

樹木に関する
基本知識

🌿 広葉樹と針葉樹 ··················

　樹木にはサクラやカエデのように平らで広い葉を持つ広葉樹と、マツのようにかたく細い針状の葉やヒノキのように鱗状の葉を持つ針葉樹があります。樹形は、広葉樹は丸みを帯び、針葉樹は円錐形のような尖った形になります。なお、広葉樹でも葉が細長かったり、針葉樹でも幅の広い葉を持つものがあります。

広葉樹 ダケカンバ

枝を横に大きく張り出し、樹木全体が丸い曲線的な形になることが多い。ふつう葉の形は平らで広い

針葉樹 モミ

幹がまっすぐ伸び、円錐状の樹形になる。ふつう葉は針状、線状、あるいは鱗状

🌿 常緑樹と落葉樹 ··················

　一年中葉をつけたままの樹木を常緑樹、秋から冬にかけて葉を落とす樹木を落葉樹といいます。常緑樹では、新しい葉が出てくると古い葉が少しずつ落ちて葉の更新をしています。

常緑樹 モッコク

一年中葉をつけたまま。葉の質は厚く、表面に光沢のあるものが多い

落葉樹 イロハモミジ

葉は質が薄いものが多く、ふつう秋に紅葉（黄葉）して落葉する

🌳 樹高

地表からの木の高さを樹高といいます。ふつう、0.3m 以下のものを小低木、3m 以下のものを低木、3m 〜 8m 以下のものを小高木、8m 以上のものを高木と呼びます。本書ではある程度の幅をもたせて分類しています。

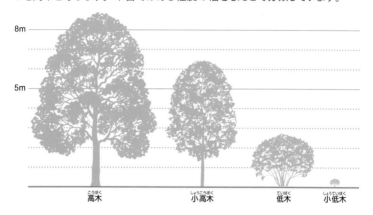

8m

5m

高木　　　　　小高木　　　　　低木　　　小低木

🌳 枝のつき方

幹から枝が出るときの角度が樹木の形をつくります。針葉樹は枝が整然とついて均整の取れた形になります。広葉樹は、枝のつき方に規則性はありますが、針葉樹のように一定の法則性はありません。枝の分かれ方やつき方によってつくられる木の形を樹冠とよびます。

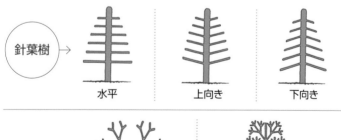

針葉樹 →　　水平　　　上向き　　　下向き

広葉樹 →

二叉分枝
枝が2つに分かれている

三叉分枝
枝が3つに分かれている

花の形とつき方

• 花の仕組み

　花は子孫を残すための生殖器官です。花を咲かせて子孫である種子を残す植物を種子植物といいます。種子植物は、のちに種子になる胚珠が心皮（果皮）に包まれている被子植物と、胚珠が心皮（果皮）に包まれていない裸子植物の２つに分けられます。裸子植物は被子植物のように雄しべや雌しべ、花被片がなく、胚珠の先端近くに花粉がつくことで受粉します。

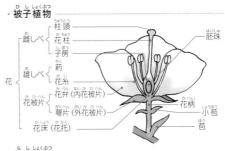

• 被子植物

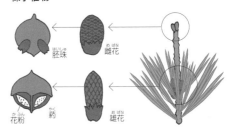

• 裸子植物

• 花序

　規則的に並んだ花の集団を花序といいます。植物によって花のつき方が違い、いろいろな形があります。

総状花序
細長い花軸に花柄のある花が多数つき、下から上に咲く

散房花序
総状花序の変形で花軸に多数の花がつくが、下部の花の花柄ほど長く、上部が平らになったように見える

円錐花序
総状花序の花軸がさらに枝分かれして、いちばん先の枝に花をつける

穂状花序
細長い花軸に花柄のない花が多数つき、下から上に咲く

集散花序
茎の先端に花をつけて、次にその横から出た枝の先に花をつけることを繰り返して花序をつくる

散形花序
花軸の先端からほぼ同じ長さの花柄を多数放射状に出し、その先端に花をつける。花全体は半球形に見える

🌸 葉のつくりと形、つき方 ✿ ❀ ✿ ❀ ✿ ❀ ✿ ❀ ✿ ❀ ✿ ❀ ✿ ❀ ✿

• 葉のつくり

葉には、葉緑素があり、光合成をする大切な器官です。植物体の保護や養分を貯蔵するなどのはたらきもあり、種によって葉の形が違います。

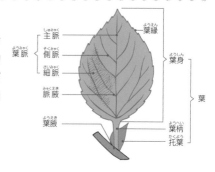

主脈（しゅみゃく）
側脈（そくみゃく）
細脈（さいみゃく）
脈腋（みゃくえき）
葉腋（ようえき）
葉脈（ようみゃく）
葉縁（ようえん）
葉身（ようしん）
葉（よう）
葉柄（ようへい）
托葉（たくよう）

• 葉の分類

広葉樹の葉は単葉と複葉に大きく分けられ、単葉は1枚の葉身からなるもの、複葉は複数の小葉でひとつの葉を構成します。針葉樹の葉は、針葉と鱗片葉に分けられます。本書では、以下の 7 つのタイプに分けて紹介します。

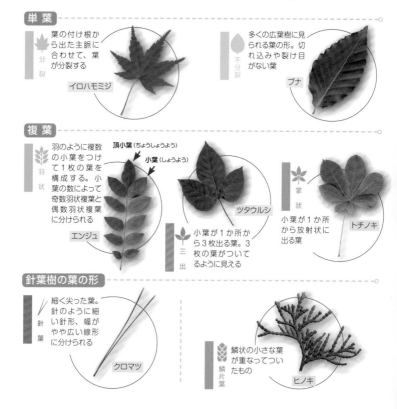

単葉

分裂：葉の付け根から出た主脈に合わせて、葉が分裂する
イロハモミジ

不分裂：多くの広葉樹に見られる葉の形。切れ込みや裂け目がない葉
ブナ

複葉

羽状：羽のように複数の小葉をつけて1枚の葉を構成する。小葉の数によって奇数羽状複葉と偶数羽状複葉に分けられる
エンジュ

頂小葉（ちょうしょうよう）
小葉（しょうよう）
ツタウルシ

三出：小葉が1か所から3枚出る葉。3枚の葉がついてるように見える

掌状：小葉が1か所から放射状に出る葉
トチノキ

針葉樹の葉の形

針葉：細く尖った葉。針のように細い針形、幅がやや広い線形に分けられる
クロマツ

鱗片葉：鱗状の小さな葉が重なってついたもの
ヒノキ

8

• 葉の形

　葉の形は樹種によって違いがあり、樹種の数だけあるといってもよいでしょう。同じ樹種やひとつの個体、若木と老木でも形や大きさは変化します。

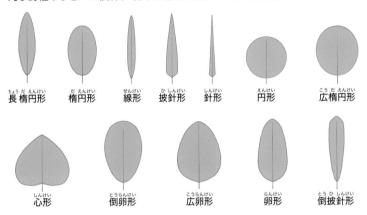

長楕円形　楕円形　線形　披針形　針形　円形　広楕円形

心形　倒卵形　広卵形　卵形　倒披針形

• 葉の基部

　葉の基部の形もいろいろあり、種を区別するひとつのポイントになります。

心形　切形　円形　鈍形　鋭形　くさび形

• 葉の縁

　葉の縁のぎざぎざを鋸歯といい、いろいろなタイプがあります。鋸歯のあるものを鋸歯縁、ないものを全縁といいます。本書では、葉の分類ごとに、全縁と鋸歯縁とに、分けて紹介しています。

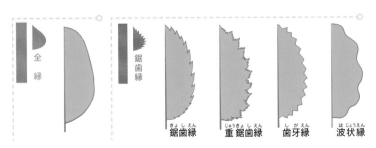

全縁　鋸歯縁　鋸歯縁　重鋸歯縁　歯牙縁　波状縁

9

• 葉のつき方

　日光を受けやすくするために、葉は重ならないようについています。これを葉序といい、いくつかのタイプがあります。本書では大きく互生、対生、束生・輪生に分類して示しています。

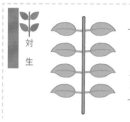

対生

2枚の葉が、枝に対になってつく

十字対生

対生の一種で、対になった葉が十字につく

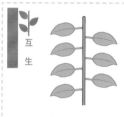

互生

葉が、枝の1つの節に1枚ずつつく

らせん葉序

互生の一種。らせん状に互い違いに葉がつく

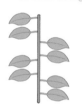

コクサギ型葉序

葉を2枚ずつ左右交互に枝につける、特殊な互生

束生

葉が束になってつく

輪生

3枚以上の葉が、枝の1つの節ごとにつく

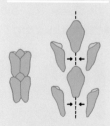

鱗片葉のつき方

ヒノキなどの鱗片葉は、2つの葉と小さなひし形の葉が交互につく

樹木の用語解説

一日花 （いちにちばな）
開花したその日のうちにしぼんでしまう花。

羽片 （うへん）
羽状複葉の集まった葉の1枚をいう。

栄養繁殖 （えいようはんしょく）
球根、鱗茎、走出枝の先、根の先、ムカゴなど、生殖器官以外の植物の体の一部から繁殖すること。増えた個体は親と同じ遺伝子を持つ。

液果 （えきか）
熟すと果皮（中果皮・内果皮）に多量の水分を含み、やわらかくなる果実。

雄しべ先熟 （おしべせんじゅく）
両性花で、自家受粉を防ぐため、しべの成熟時期をずらしているもの。雄しべが先に成熟し、雌しべがあとに成熟する。

革質 （かくしつ）
葉の特徴についての表現。皮革のようなかたさと質感のこと。

果実 （かじつ）
雌しべの子房が受精し発達したもので、中に種子が入っている。

仮種皮 （かしゅひ）
種衣（しゅい）ともいう。種子の表面を覆う付属物。

花序 （かじょ）
花の集まっている部分。

果序 （かじょ）
果実の集まった部分、結実後の花序をいう。

花嚢 （かのう）
イチジクやイヌビワなどに見られる、壺状をした花の集合体。内側に多数の花がつき、外見は若い果実のように見える。

果嚢 （かのう）
花嚢が熟した状態のもの。

株立ち （かぶだち）
複数の地上茎が叢生している状態。

芽鱗 （がりん）
冬芽の外側を覆って保護する鱗状のもの。重なってついていることが多く、芽吹きに従ってはがれ落ちる。

芽鱗痕 （がりんこん）
芽鱗が落ちた痕。枝の先端から最初の芽鱗痕までが、前年に伸びた枝。

偽果 （ぎか）
子房以外の器官が肥大して果実になったもの。

帰化植物 （きかしょくぶつ）
人間の活動により、偶然または意識的に国境を越えて外国から持ち込まれ、国内で野生化し繁殖した植物。

気孔 （きこう）
陸上に生える植物の表皮にある気体の通り道で、二酸化炭素や酸素、水蒸気が出入りする。ふつうは葉の裏側に見られる。

気孔群 （きこうぐん）
気孔帯（きこうたい）ともいう。気孔が集まって、すじ状、あるいは帯状になったもの。ヒノキ科の鱗片葉では、この気孔帯の形状で樹木を見わけられる。

気根 （きこん）
地上の茎から空中に出る根の総称。

寄生植物 （きせいしょくぶつ）
ほかの植物から養分を吸収して生活する植物。

旗弁 （きべん）
マメ科に多い蝶形花の花弁のうち、上部にある最も大きな花弁。

球茎 （きゅうけい）
地下茎に養分を蓄えて球形に肥大したもの。サトイモ、コンニャク、クワイなど。

鋸歯 （きょし）
葉の縁が切れ込んでぎざぎざした部分。歯牙（しが）はぎざぎざが山形になったもの。

菌従属栄養植物
（きんじゅうぞくえいようしょくぶつ）
一般に葉緑素を持たないため自分では養分をつくらず、菌根菌に依存して生活する植物。ただし、葉緑素を持っていても必要な養分をまかなえず、菌根菌に依存するものものを、部分的菌従属栄養植物という。

紅葉（こうよう）
葉が、紅色や黄色に変化する現象。黄色に変化することを黄葉とよび区別することもある。紅葉は、色素のひとつアントシアニンが葉の細胞内に蓄積することから生じる。秋の紅葉は、葉の付け根に裏層という組織が形成され、葉で生成された糖分が枝のほうに移動できなくなり葉に蓄積されて、その糖からアントシアニンがつくられ、同時に寒さによって葉緑素が壊れて赤く変化する。

黄葉（こうよう）
秋にイチョウの葉が黄色くなるように、葉の色が黄色に変化する現象。葉に存在する葉緑素が分解して緑色が失われてしまい、それまで目立たなかったカロテノイドによる黄色が現れ、黄変する。

黒点（こくてん）
葉などにある黒く見える微小な点で、分泌液を含んでいる。

互生（ごせい）
葉が茎の1つの節に1枚ずつつくこと。

根茎（こんけい）
地表面から下の茎で、根のように見える茎。

今年枝（こんねんし）
ふつう春に伸び出た、まだ年を越していない新しい枝のことを指す。

蒴果（さくか）
果実の形態のひとつ。複数の子房室からなり、熟すと果皮が縦に裂けて種子を散らす。

自家受粉（じかじゅふん）
同一個体の花粉によって受粉する現象。

膝根（しっこん）
地上付近をはうように伸びる根の一部が呼吸根となって、ところどころ盛り上がって地上に出たもの。

雌雄異株（しゆういしゅ）
雌雄別種ともいい、雌花のつく株と雄花のつく株が別のもの。

雌雄同株（しゆうどうしゅ）
雌花と雄花が同じ株につくもの。

主芽（しゅが）
最初に出た芽のこと。予備の芽としてジャケツイバラやエゴノキなどでは副芽を持つが、主芽が成長途中に事故で枯れると、副芽が代わって成長する。

樹冠（じゅかん）
樹木において、幹以外の枝葉が茂っている部分。樹種ごとに特徴的な樹冠の形状を持っているが、一般的に樹冠の形が、広葉樹では半球形、針葉樹では円錐形になる。

子葉（しよう）
胚の構成要素のひとつで養分が蓄えられていて、地上に最初に出てくる葉。ただし、シラカシなどドングリから発芽するものは、果実から出てこない。ふつう双子葉植物は2枚、単子葉植物は1枚、裸子植物は2枚〜多数ある。

小葉（しょうよう）
複葉の個々の葉をいう。

心皮（しんぴ）
雌しべを構成するもので、子房壁をつくって胚珠をつけた特殊な葉。

星状毛（せいじょうもう）
星のような形をいている毛。

全縁（ぜんえん）
葉の縁が切れ込んでいない状態。

腺点（せんてん）
葉の裏などにある小さな分泌物をためた袋。

腺毛（せんもう）
先端が球状に膨らんで分泌液（粘液）を出す毛。

痩果（そうか）
成熟して果皮が乾燥しても裂開しない果実。果実と種子の皮が密着しており、通常1心皮からなり、1つの種子を含む。

総苞 (そうほう) ／ **総苞片** (そうほうへん)
総苞とは花序の下にあり、多数の苞が集まったもの。その1片を総苞片という。

束生 (そくせい)
叢生 (そうせい) ともいう。株立ちとなるもの。または、樹木では枝の先端に束になって輪生状につくもの。

側生 (そくせい)
茎や枝の側方に、葉や花などが生じること。

袋果 (たいか)
1心皮からなり、袋状の皮に包まれた果実。合わせ目から裂ける。

対生 (たいせい)
2枚の葉が、茎に対になってつくこと。

托葉 (たくよう)
葉の基部付近に生じる小さな葉状またはとげ状などの器官。

短枝 (たんし)
あるひとつの植物において、節間が長く比較的まばらに葉がつく枝と、節間が密に詰まって葉につく枝がある場合、後者のことをいう。

単葉 (たんよう)
葉身が1枚の葉をいう。

地下茎 (ちかけい)
地中にある特殊な形をした茎。形によって、根茎、塊茎、球茎、鱗茎に区別される。

地上茎 (ちじょうけい)
地上にある茎。

中空 (ちゅうくう)
茎などで、中が空洞となっているもの。

中実 (ちゅうじつ)
茎などで、中が髄などで詰まっているもの。

柱頭 (ちゅうとう)
雌しべの先端部で、花粉を受け取る部分。

長枝 (ちょうし)
あるひとつの植物において、節間が長く比較的まばらに葉がつく枝と、節間が密に詰まって葉につく枝がある場合、前者のことをいう。

頂生 (ちょうせい)
茎や枝の先に、花や葉、芽などがつくこと。側方に生じる場合は側生という。

豆果 (とうか)
マメ科の果実の形状。1心皮からなり、皮の合わせ目から裂ける。

ナシ状果 (なしじょうか)
液果の一種で、花托が多肉質になるもの。バラ科ナシ亜科に見られ、リンゴのような形の果実。

媒染剤 (ばいせんざい)
染料を布などに定着、発色させるための薬剤。

副芽 (ふくが)
予備の芽。主芽が展開できないときに代わりに展開する芽。

伏毛 (ふくもう)
茎や葉の面に密着して、寝ているように生えている毛。

複葉 (ふくよう)
葉身が2枚以上の片に完全に分かれた葉。

冬芽 (ふゆめ、とうが)
越冬芽ともいい、冬季に休眠している芽をいう。落葉樹では秋に落葉したあとに冬芽が残るため、目立つことが多い。多くの場合、外側が芽鱗で覆われ、寒さや乾燥から守られている。

虫こぶ (むしこぶ)
昆虫が産卵、寄生してその部分が異常に発達してこぶ状の突起になったりするもの。虫癭 (ちゅうえい)、ゴールともよばれる。

無柄 (むへい)
葉柄のない状態をいう。

明点 (めいてん)
葉などにあり、色素がなく透明で微小な点。分泌液を含んでいる。

有柄 (ゆうへい)
葉柄のある状態をいう。

油点 (ゆてん)
細胞間隙または細胞内に分泌液をためた箇所をいう。

葉腋（ようえき）
葉の付け根の上側をいう。

葉痕（ようこん）
葉印（よういん）ともいう。落葉後、葉の表面に残った葉がついていた跡。

翼（よく）
花柄、葉柄、果実などの横に広がった付属物。

稜（りょう）
茎や果実の角の部分。

両性花（りょうせいか）
1つの花の中に、雄しべと雌しべの両性を備えた花。

輪生（りんせい）
3枚以上の葉が、茎の1つの節ごとにつくこと。

🌿 学名について

　学名は、世界共通の名前です。スウェーデンの博物学者で分類学の父とも称されるカール・フォン・リンネによって導入されたもので、種名を属名と種形容語の2語で表記します。これは「二語名法」とよばれ、種よりさらに下位に、亜種（subsp.）、変種（var.）、品種（f.）として形容語が付記されたりします。学名はラテン語で書かれますが、ラテン語化された人名や地名なども使われ、国際植物命名規約に基づいてつけられます。

例 シラカンバ

$$\textit{Betula platyphylla} \text{ var. } \textit{japonica}$$

❶　　　　　❷　　　　　　　❸

❶ 属名。種より1ランク上位の分類階級の名前で、類似種の学名は同じ属名のもとに命名されます。頭文字は大文字で記します。学名の読みは、ローマ字読みが基本ですが、例外も数多くあります。この例の *Betula* はカバノキ科のカバノキ属を示します。

❷ 種形容語。種を区別するために命名され、すべて小文字で記します。種形容語には植物の特徴を示す語や、人名や地名にちなむ語などが用いられ

たりします。ちなみに *platyphylla* は、「広い葉の」という意味で、形状を表現しています。

❸ 変種学名を記す場合は var. のあとに変種形容語を続けます。ちなみに *japonica* は「日本の」という意味です。さらに、花色が違うなど、少しの違いで品種として扱う場合には f.(forma の略)という記号のあとに、品種形容語を続けます。

自然散策その前に!
5つの注意ポイント

　植物観察の際にお願いしたいマナーと注意点をまとめました。自然を大切にして、おおいに樹木と親しんでください。

── ❶ ──
植物を傷めないように

観察中や撮影の際に、植物を不用意に触って傷つけないように十分注意しましょう。

── ❷ ──
標本のための採集でも最小限で

採集してよい場所でも、むやみに採集したり持ち帰らないようにしましょう。

── ❸ ──
有毒植物に気をつけて

山菜と有毒植物を間違えての中毒事故がたびたび起きています。触れるだけでかぶれる植物もあります。不注意に触ったり口に入れたりしないようにしましょう。

── ❹ ──
薬用植物だからといって試さない

薬用植物も量や使い方を間違えると、死に至ることもあります。動物に食べられないように、強弱はありますがほとんどの植物は毒を持っています。

── ❺ ──
虫や動物に注意

クマの出没が増えています。出没しそうな場所ではクマ鈴をつけましょう。スズメバチやヒル、マダニなどへの対策を怠らないように。刺されたり咬まれたりした場合は、体調に留意し発熱や腫れなど異常を感じたら、すぐに医療機関で診てもらいましょう。

ヤマビル　　　　オオスズメバチ

アオギリ【青桐】
Firmiana simplex アオイ科

別名：アオノキ
分布：本州・四国・九州・沖縄
樹高：15m
花期：6〜7月

花序の長さは25〜50cm

25%

●葉身は3〜5つに切れ込む。長さ・幅ともに15〜25cm。葉先は尖り、全縁。若葉の毛はやがてほぼ落ちる

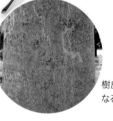

樹皮は緑色で滑らか。古くなると灰白色になります

海岸林や2次林に生えます

名前どおりの緑色の幹。花と果実のギャップが大きい

公園樹、街路樹として植えられる落葉高木です。雌雄同株で、枝先の円錐花序に黄色の雌花と雄花が混生してつきます。雄性先熟で、開花時期をずらすことで自家受粉を避けています。樹皮は強くしなやかで縄や和紙をすくときの糊として使います。「アオギリ」は、樹皮が青（緑）色で葉がキリ（P.23）に似ていることからついた名前ですが、キリの仲間ではありません。

フィールドノート

種子は、小舟のような形の裂片（心皮）の端につく。この小舟は、風に乗って宙に舞い地面に落ちる。

分 裂
全 緑
互 生

分子系統学的解析の結果、独立したアオギリ科からアオイ科へ組み入れられました。

アカメガシワ【赤芽柏】

Mallotus japonicus　トウダイグサ科

落葉

別名：ゴサイバ
分布：本州、四国、九州、沖縄
樹高：15m
花期：6〜7月

● 若い株では
浅く3裂するも
のが多い

30%

葉の基部に蜜腺があり、
アリが蜜をなめにきます

花序に花弁のない花をつけます

幹は直径50cmまたはそれ以上になります

春、真っ赤な若芽が
目に飛び込んでくる

林縁や伐採跡地などの明るい場所にすぐ
に生えるパイオニア植物で、山地や平地
でよく見られる落葉高木です。名前は、
カシワ（P.144）と同様に葉を器代わり
にし、新芽が赤いことに由来します。葉
はふつう切れ込みが入りますが、まれに
切れ込みのない葉もあります。また、葉
柄の長さがそれぞれ違い、すべての葉に
光が当たるよう工夫しています。

樹皮は灰褐色。縦方向に浅い割れ目
があります

分裂

全縁

互生

 葉を乾燥して煎じたもので腫物の患部を洗うと薬効があるといわれます。

ユリノキ【百合の木】

Liriodendron tulipifera　モクレン科

落葉

別名：ハンテンボク、チューリップツリー
分布：北アメリカ原産、各地に植栽
樹高：20m
花期：5〜6月

花の内側にオレンジ色のまだらが目立ちます

● 葉の先はくぼむ

40%

● 葉身は長さ・幅ともに10〜15cm。通常、浅く4〜6つに切れ込み、先が尖る。表は光沢があり、両面とも無毛

大木となり、枝は横に広がります

樹皮は灰褐色で、縦に浅く裂けます

分裂

全縁

互生

花の中は蜜がいっぱい。野鳥やミツバチが訪れる

樹形が美しく、大きいものは高さ30mにもなる落葉高木です。日本へは明治初期に渡来しました。公園樹や街路樹として植えられるほか、材は建築材などに利用されます。学名の属名と英名は花の形に由来し、和名もそれぞれに基づいてつきました。チューリップに似た黄緑色の花をつけるのでチューリップツリー、あるいは葉の形をはんてんに見立ててハンテンボクともよばれます。

日本では新宿御苑に初めて植栽され、そこから街路樹として全国に広まったといわれます。

ダンコウバイ【檀香梅】

Lindera obtusiloba クスノキ科

別名：なし
分布：本州、四国、九州
樹高：2〜6m
花期：3〜4月

●葉身は長さ5〜15cm、幅4〜13cm。通常、上部が3つに切れ込む。葉先はあまり尖らず、縁は全縁。葉の両面に毛がある

60%

●3本の葉脈が目立つ

黄色い小花をまとめてつけます。写真は雄花

樹皮は暗灰色。円形の皮目があります

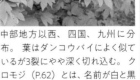

樹形はこんもりしています

日がぬくもる頃、小さな黄花が群がって咲く

山地の落葉樹林内や林縁に生える落葉低木・小高木です。花と秋の黄葉（こうよう）が美しいので、庭木でも見かけます。雌雄異株（しゆういしゅ）で、葉が開く前に小さな黄色い花を咲かせ、材には芳香があり、爪楊枝や細工物に利用されます。ふつう葉に切れ込みが入りますが、入らない葉もあります。名前は、ロウバイの一品種の漢名を転用したものです。葉は同じクスノキ科のシロモジにも似ています。

🔍 くらべる

シロモジ【白文字】

中部地方以西、四国、九州に分布。葉はダンコウバイによく似ているが3裂にやや深く切れ込む。クロモジ（P.62）とは、名前が白と黒の違いだが形態はかなり違う。

分裂
全縁
互生

 葉のない花期は、アブラチャン（P.106）とそっくり。花序に柄がないことで区別できます。

19

ウリノキ【瓜の木】

Alangium platanifolium var. *trilobatum*　ミズキ科

落葉

別名：なし
分布：北海道、本州、四国、九州
樹高：3m
花期：6月

雄しべと雌しべが長く、花弁は巻き上がります

●葉身は長さ・幅ともに7〜20cm、掌状に浅く3〜5つに切れ込み、裂片は鋭く尖る。全縁で、両面に軟毛が生える

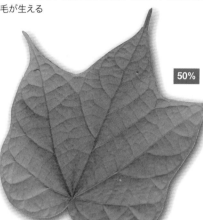

50%

●基部はハート形

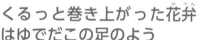

藍色をした美しい果実

こんもりした樹形。枝を横に広げます

樹皮は灰色で滑らかです

分裂
全縁
互生

くるっと巻き上がった花弁
はゆでだこの足のよう

山地の林内に生える落葉低木です。若い枝は緑色をしており、葉はやや薄く長い葉柄があります。葉腋から緑色の花序を出し、白色の花を数個、葉に隠れるように下向きに咲かせます。花弁はくるくる巻き上がる面白い形をしています。果実は楕円形で核果、学名の種形容語 *platanifolium* は「プラタナスの葉のような」という意味。たしかに葉の形がプラタナスに少し似ています。

 名前は、葉の形がウリの葉に似ていることからつきました。

カクレミノ【隠れ蓑】

Dendropanax trifidus　ウコギ科

常緑

別名：なし
分布：本州、四国、九州、沖縄
樹高：5〜7m
花期：7〜8月

●葉身は長さ5 〜 14cm、幅2 〜 9cm。若枝では3 〜 5つに切れ込み、花のつく枝では切れ込まない葉が多い。葉先は短く尖り、全縁。無毛で、表側に光沢がある

●3本の葉脈が目立つ

35%

35%

●成木では葉は切れ込まない

花柄の長さは4 〜 7cm

葉は互生で枝先に集まってつきます

「天狗の隠れ蓑」が名前の由来？

常緑広葉樹林内など日陰を好んで生える常緑小高木で、庭園樹としてよく植えられます。若木の葉は切れ込みますが、成木は卵形（らんけい）で切れ込みはありません。傷つけた樹皮から出る白い樹液を黄漆（きうるし）とよび、家具の塗料に用います。黒色の果実は野鳥の好物です。名前の由来は、着ると姿を隠せる天狗の隠れ蓑に葉の形をたとえたともいわれます。

樹皮は灰白色。滑らかで、小さく丸い皮目があります

分裂

全縁

互生

 地方によっては神聖な樹木のひとつとされ、葉にお供えを盛って神前に捧げます。

イタヤカエデ【板屋楓】

Acer pictum subsp. *dissectum*　ムクロジ科

別名：なし
分布：北海道、本州、四国、九州
樹高：25m
花期：4〜5月

花は黄緑色。10〜50個まとめてつけます

幹の直径は50〜60cmになります

樹皮は暗灰色。若木は滑らかだが、老木では縦に浅く裂けます

分裂
全縁
対生

●葉身は長さ4〜9cm、幅5.5〜12cm。5〜7つに切れ込み、葉先は鋭く尖り、全縁。裏側の葉腋に毛がある

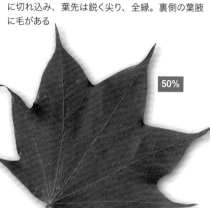

50%

カエデ属の翼果は2個が対になっています。熟してバラバラになると、回転しながら風で遠くへ飛ばされます

春の山で木々が芽吹く前、黄色い花をつける

山地の谷間や、その斜面などの日当たりのよい場所に生育する落葉高木です。庭園樹や公園樹、街路樹などとして植えられます。カエデの仲間には珍しく、葉に鋸歯がないことが特徴です。一方、葉の形はさまざまで、変種や品種が多く見られます。葉が密集して雨を漏らさない様子が、板屋根（板で葺いた屋根）を連想させることからついた名前です。

日本のカエデ類中、最も大木。建築、家具などの重要材で、樹液から砂糖（楓糖）を採ります。

キリ【桐】

Paulownia tomentosa　キリ科

別名：なし
分布：中国中部原産、各地に植栽
樹高：8～15m
花期：5～6月

● 葉身は長さ15 ～ 30cm、 幅10 ～ 25cm。
縁は全縁、 3～5つに浅く切れ込む。両面に
腺毛が密生する

30%

花は円錐状に多数つきます

種子は細かく、翼が
ついていて、風によ
り散布されます

大きくて目立つ樹木

葉や花を図案化した桐紋は、
天下人に望まれる紋章だった

葉が出る前に、淡紫色の花を遠目からも
わかるほどたくさんつけます。韓国の鬱
陵島や九州原産の説もありますが、中国
中部原産と考えられています。古くから
植えられている落葉高木で、木目が美し
く軽量な材は下駄や建具など広く利用さ
れます。かつては女の子が生まれたとき
に植えて、嫁入りの際に箪笥などに仕立
て、着物を入れて持たせました。

樹皮は灰褐色。縦に浅く裂けます

分
裂

全
縁

対
生

『枕草子』（清少納言）35段では、桐の木が格別である様子を美しく描写しています。

イチョウ【銀杏】

Ginkgo biloba　イチョウ科

| 別名：なし |
| 分布：中国原産、各地に植栽 |
| 樹高：30〜45m |
| 花期：4〜5月 |

雌花。長い柄の先に胚珠が2個つきます

●二叉に分岐し、平行になる脈がある

65%

●葉身は長さ4 〜 8cm、幅5 〜 10cm。切れ込みのある葉とない葉が混在する。上部の縁は波状で、表裏とも無毛

イチョウの種子。やわらかい部分は種皮が大きくなったものです

長枝の葉は互生、短枝の葉は束生です

分裂
全縁
互生

樹皮は灰白色。コルク層が発達し、不規則に浅く縦に裂けます

原始的な植物で、 氷河期を乗り越えた生きた化石

病害虫に強く、街路樹や公園樹などに植えられ、大きいものでは高さ45mにもなる落葉高木です。寺社の御神木などでは樹齢数百年の巨木もあります。裸子植物（らししょくぶつ）であるイチョウの仲間は中生代のジュラ紀（2億1200万年〜1億4300万年前）に栄えた種で、現在では本種だけが生き残っています。雌株（めかぶ）は、秋に種子である銀杏（ぎんなん）を実らせます。果肉を除き、炒ったりして食べます。

和名は中国名の「鴨脚（イヤオチャオ）」が転訛、または「一葉」がなまったなど諸説あります。

シュロ【棕櫚】
Trachycarpus fortunei　ヤシ科

常緑

別名：ワジュロ
分布：本州、四国、九州
樹高：3〜7m
花期：5〜6月

花被片は6枚、球形をしています

10%

● 葉身は直径50〜80cmで、多数の細い裂片に切れ込んで扇状になり、先端は浅く2裂する。古くなると先端が折れて垂れ下がる

果実は液果で緑黒色に熟します

幹は直径50〜80cmになります

種子は鳥に運ばれる。温暖化によりあちこちで増えている

常緑小高木で被子植物。幹はまっすぐに伸び、途中には枝を出しません。雌雄異株で、葉腋（ようえき）から花序（かじょ）を出し、雄花序（ゆうかじょ）には淡黄色の雄花（おばな）をつけ、雌花序（しかじょ）には雌花（めばな）と両性花（りょうせいか）をつけます。九州南部のものは自生とされていますが、観賞用として暖地では広く栽培されたため真の自生地はわかりません。北限は東北地方です。名前は、漢名「棕櫚」の音読みです。

幹は黒褐色の繊維状の毛で包まれます

分裂

全縁

互生

シュロの皮の繊維には耐水性があるので、シュロ縄、たわし、敷物などの原料にします。

25

オヒョウ【一】

Ulmus laciniata　ニレ科

別名：アツシ
分布：北海道、本州、四国、九州
樹高：25m
花期：4〜6月

葉の展開前に、枝先に花が集まって咲きます

幹の直径は1mほどになります

樹皮は灰褐色。縦に浅く裂け目が入り、老木では鱗状にはがれます

分裂

鋸歯縁

互生

●葉身は長さ7〜15cm、幅5〜7cm。3〜5つに切れ込むものもある。葉先は尖り、重鋸歯がある。両面に毛があり、ざらざらしている

60%

●先が切れ込まない葉もある

30%

とんがりのある葉が個性的。北の大地ではポピュラーな木

山地の谷沿いなどに生え、特に北海道で多く見られる落葉高木です。丈夫な樹皮は水にさらしてから細く裂き、織物や縄の材料にします。繊維が強く、わらじなどはワラでつくったものより丈夫です。アイヌ民族は、この樹皮からアツシという布を織って着物を仕立てます。名前の由来は、葉の形が魚のオヒョウ（カレイ科）に似ているからといわれています。

種形容語の*laciniata*は「細かく裂けた」という意味。樹皮が裂けた様子からの命名です。

カジノキ【梶の木】

Broussonetia papyrifera　クワ科

別名：なし
分布：原産国不明、本州〜沖縄で野生化
樹高：4〜10m
花期：5〜6月

● 葉身は長さ10〜20cm、幅は7〜14cm。葉先は尖り、3〜5つに深く切れ込む葉と切れ込みのない葉がある。縁に鈍い鋸歯がある

20%

● 先が切れ込まない葉もある

10%

雌雄異株で雄花序は円筒形。雌花序は球形

まれに高さ16mにもなります

葉の切れ込みがユーモラス、お面のように見える

落葉小高木・高木で、樹皮を和紙の原料とするため古くから栽培されていましたが、現在では山野で野生化しています。果実は直径2〜3cmの球形で、7〜8月に熟して橙赤色になり、甘くて食べることができます。マグワ（P.34）などと同じクワ科の植物で、葉が切れ込むなど形が似ていますが、本種はビロード状の毛が葉の両面に多く生えているので区別できます。

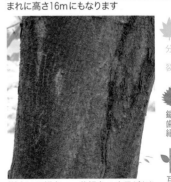

樹皮は灰褐色で、黄褐色の皮目があります

分裂

鋸歯縁

互生

 昔、この葉に和歌などを書き七夕飾りの短冊の代わりに使ったといわれています。

スズカケノキ [鈴懸(篠懸)の木]
Platanus orientalis　スズカケノキ科

別名：プラタナス
分布：バルカン半島〜ヒマラヤ原産、各地に植栽
樹高：20m
花期：4〜5月

雄花序も雌花序も球形です

●葉身は長さ・幅ともに10〜20cm。葉先はやや鋭く尖り、5〜7つに切れ込む。鋸歯は不ぞろいな歯牙状。両面の毛はのちに抜け落ちる

30%

●葉は掌状に中裂する。似た種に比べ、切れ込みは深く裂片の幅は細め

大きいものは高さ30mになります

樹皮は鱗片状に大きくはがれ、灰白色と黄褐色のまだら模様

分裂

鋸歯縁

互生

街路樹としてよく利用され、広く親しまれている

街路樹・公園樹としてなじみ深い落葉高木です。仲間に、本種よりも葉の切れ込みが少ないモミジバスズカケノキ（P.29）、さらに切れ込みが少ないアメリカスズカケノキ（P.29）があります。修験者がまとう麻衣を篠懸といい、この衣についている丸い房と、球形の花が連なる様子が似ていることが名前の由来です。日本には明治初期に渡来し、新宿御苑や小石川植物園に植えられました。

スズカケノキ科はスズカケノキ属1属からなり世界に約10種ありますが、日本には↗

モミジバスズカケノキ

Platanus×acerifolia スズカケノキ科 【紅葉葉鈴懸の木】

別名：プラタナス、カエデバスズカケノキ
分布：各地に植栽
樹高：20m
花期：4〜5月

よく刈り込まれ、街路樹としてふつうに植栽される

● 広卵形で浅く3〜5裂する。葉身は長さ7〜20cm、幅8〜22cmで、裂片の長さは、基部の幅より長い。葉裏に毛があるが、のちに落ちる

40%

樹皮は暗褐色と灰褐色のまだら模様です。花序(かじょ)は花軸に2個、まれに3個つきます。交配種とされていますが、アメリカスズカケノキの変種とする説もあります。

● 大きいものは高さ40mになる

アメリカスズカケノキ [亜米利加鈴懸の木]

Platanus occidentalis スズカケノキ科

別名：プラタナス、セイヨウボタンノキ
分布：北アメリカ東部原産
樹高：20m
花期：4〜5月

● 葉身は長さ7〜20cm、幅8〜22cm。掌状に3〜5裂に切り込み、裂片は細め、不ぞろいの鋸歯がある

よく似た3種の中では最も葉の切れ込みが浅い

● 大きいものは高さ40mになる

40%

日本には明治末期に導入。樹皮は暗褐色で、小さく斑紋状にはがれ淡黄色の木肌が見えます。直径1.5cmほどの球形の花序(きゅうけい)は、花軸に1個、まれに2個つきます。

分裂

鋸歯縁

互生

自生しません。公害に強く生長が早いので、街路樹や公園樹として各国で広く植栽されています。

ツタ [蔦]

Parthenocissus tricuspidata　ブドウ科

別名：ナツヅタ
分布：北海道、本州、四国、九州
樹高：5～10m（つるの長さ）
花期：4～5月

花序に黄緑色の小さな花を多数つけます

● 3本の主脈が目立つ

30%

● 葉身は長さ・幅ともに5～15cm。形は一様ではなく、上部が3つに切れ込むもの、切れ込みがないもの、三出複葉が混ざっている。葉の先は鋭く尖り、まばらな鋸歯がある。葉表に光沢がある

巻きひげの先の吸盤。円盤状になっています

吸盤のある巻きひげを伸ばし、はい登ります

分裂

鋸歯縁

互生

樹皮は黒褐色。写真では、樹木に絡み吸盤でついている細い茎がツタ

甲子園球場の外壁を覆う緑。新緑と紅葉が美しい

落葉つる性木本です。大気汚染などに強いことから、塀や建物の壁面緑化のために植えられます。山野に生え、巻きひげの先端にある吸盤で崖などに付着し、はい登ります。平安時代には、幹から採った樹液を煮詰め甘味料として利用しました。常緑のキヅタ（P.52）が冬でも葉があるためフユヅタとよばれるのに対し、本種は落葉するのでナツヅタともよばれます。

 ときに3全裂した葉はツタウルシ（P.277）にそっくり。ただし、ツタの鋸歯の先端はとげ状です。

ハリギリ【針桐】
Kalopanax septemlobus　ウコギ科

別名	：センノキ
分布	：北海道、本州、四国、九州
樹高	：10〜20m
花期	：7〜8月

25%

●葉身は長さ・幅ともに
10〜30cm。5〜9に
切れ込み、細かく鋭い鋸
歯がある

散形花序に、黄緑色の小さな花を多数つけます

大きいものでは高さ25mになります

小さな花の塊は、林の中に浮き上がる黄緑色の花火のよう

山地の林内に生える落葉高木で、幼木はタラノキ（P.266）に似ています。若葉は香りがよい山菜として、天ぷらなどにして食べます。あくが強くタラノキより劣るのでアクダラの方言もあります。ウコギ科の中では例外的に有用な材で、家具材、建材、楽器などに利用され、主産地は北海道です。キリ（P.23）の葉に似ていてとげがあることから名前がつきました。

樹皮は灰白色。老木では黒褐色で縦に割れ目が入ります。若い枝や幹には鋭いとげがあります

分裂

鋸歯緑

互生

葉の裏の葉脈上に縮れた毛があるものを、ケハリギリといいます。

ノブドウ【野葡萄】

Ampelopsis glandulosa var. *heterophylla*

落葉

ブドウ科

別名：ザトウエビ
分布：北海道、本州、四国、九州、沖縄
樹高：3〜5m（つるの長さ）
花期：7〜8月

花序に黄緑色の小さな花を多数つけます

●葉身は長さ8〜11cm、幅5〜9cm。3〜5つに浅く切れ込み、粗く浅い鋸歯がある

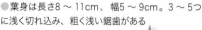

50%

虫こぶをつくり、つやのある青色や赤紫色に変化します。本来の果実は熟すと空色

2分岐した巻きひげを伸ばします

野の宝石のような
果実の色が美しい

丘陵地や山地の日当たりのよい林縁などにふつうに生育する落葉つる性木本で、秋に美しい実をつけます。球形の果実は、幼虫などが寄生して虫こぶをつくって形がゆがむものが多く、味もよくないので食用にしません。秋に根を掘り出し干して薬用としたものは、関節炎などに効果があるとされます。野にできるブドウということから、この名前がつきました。

分裂

鋸歯縁

互生

樹皮は暗灰褐色。節の部分が膨らみ、基部は木質化します

 葉が深く切れ込むものをキレハノブドウ、葉に毛がないものはテリハノブドウといいます。

ヤマブドウ【山葡萄】

Vitis coignetiae ブドウ科

落葉

別名：なし
分布：北海道、本州、四国
樹高：3m（つるの長さ）
花期：6〜7月

●葉身はふつう3〜5つに浅く切れ込み、長さ10〜30cm、幅10〜25cm。浅く鋭い鋸歯がある。表にわずかに毛があり、裏は茶褐色で全面がクモ毛に覆われる

30%

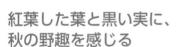

甘酸っぱくて美味しい果実。味にばらつきがあります

花序の長さは20cmほどです

ほかの木を覆うように茂ります

紅葉した葉と黒い実に、秋の野趣を感じる

山地の林縁や沢沿いなどに生える落葉つる性木本で、巻きひげでほかのものに絡みつきながら木をはい登ります。秋に大きな葉が真っ赤に紅葉した様子は美しく、とても目立ちます。果実は直径8〜10mmの球形で、10月頃紫黒色に熟し、果皮表面には紫色を帯びた白い粉がつきます。果実は甘酸っぱく、生食のほか、ジャムやジュースなどにします。

樹皮は濃褐色。節くれだち、縦に長く裂けます

分裂

鋸歯縁

互生

大型の葉を食べ物を置くプレート代わりに使うと雰囲気もよく、食事が楽しくなります。

33

マグワ【真桑】

Morus alba　クワ科

別名：クワ
分布：中国原産、各地に野生化
樹高：6〜15m
花期：4〜5月

写真は雄花序。長さは4〜7cmほど

●葉身は長さ8〜15cm、幅4〜8cm。葉は切れ込みのないものから5裂するものまである。先は短く尖り、やや粗い鋸歯がある。表側は光沢がありざらつく。葉裏の脈上に短毛が散生

60%

幹は直立して分岐します。葉の形はさまざま

樹皮は灰褐色で、縦にすじが入ります

果実は熟すと赤色から黒紫色に変化します

果実は甘くておいしい。郷愁をそそる味

葉をカイコのエサとして使う落葉小高木・高木で、養蚕のために人里近くで栽培され、放置されたものが野生化しています。果実は赤色〜黒紫色に熟すと甘く、生で食べるほかジャムの材料にします。ヤマグワ（P.35）との違いは、雌花や果実の先に残っている雌しべの柱頭（花柱）がごく短いものがマグワ、長いものがヤマグワで、ほかの特徴から見わけるのは困難です。

　東京都八王子市は古くは養蚕が盛んで桑都ともよばれ、クワの並木道がたくさんあります。

ヤマグワ【山桑】

Morus australis クワ科

別名:**クワ**
分布:**北海道、本州、四国、九州、沖縄**
樹高:**3〜10m**
花期:**4〜5月**

●葉身は切れ込みがあるものや深く3〜5裂するものがある。長さ6〜14cm、幅4〜11cm。葉先は尾状に尖りやや粗い鋸歯がある。表は脈上に、裏は側脈基部に毛が生える

70%

熟し始めた果実。6〜7月
には黒紫色に熟します

今年枝の葉腋に花序が1個ずつつきます

大きなものは高さ15mになります

マグワと同様、葉は養蚕に使い果実は甘く食用になる

丘陵〜低山の林内に自生する落葉小高木・高木です。雌雄異株まれに同株で、雄花序・雌花序ともに今年枝の葉腋に1個ずつつけます。雄花序は円筒形、雌花序は球形または楕円形で、多数の花をつけます。幹を傷つけると出る乳液には、虫の食害を防ぐはたらきを持つアルカロイドが含まれていますが、カイコは耐性を持っており、葉を食べることができます。

樹皮は褐色で、縦にすじが入り薄くはがれます

分裂

鋸歯縁

互生

 クワの名は、カイコが「食う葉=クハ」あるいは「蚕葉（こは）」の転訛といわれます。

モミジイチゴ【紅葉苺】

Rubus palmatus var. *coptophyllus*　バラ科

別名：なし
分布：北海道、本州、四国、九州
樹高：2m
花期：3〜5月

●葉身は長さ3〜7cm、幅2.5〜4cm。3〜5つに切れ込む。裂片の先は鋭く尖り、粗い鋸歯の先は急に尖る。葉裏の脈上にとげがある

原寸

花はうつむいて咲きます。直径は3cmほど

株立ちして茂ります

●しばしば葉柄にもとげがある

透明感があるオレンジ色の果実

甘酸っぱいオレンジ色の果実は、ジャムにしてもおいしい

日当たりのよい林縁や荒れ地などに生える落葉低木です。枝、葉脈、葉柄にはかぎのような鋭いとげがたくさんあります。西日本には、葉の長さが3〜7cm、中央の分裂部分が長いナガバモミジイチゴが多く生育します。ただ、中間的な形状も多くここでは区別していません。果実はオレンジ色に熟し、甘酸っぱく生で食べられます。なお、果実が熟した枝は枯れてしまいます。

分裂

鋸歯縁

互生

茎にかぎ形のとげがたくさんあります

葉の形がカエデ（モミジ）に似ていることから、この名がつけられました。

フユイチゴ【冬苺】

Rubus buergeri　バラ科

常緑

別名：なし
分布：本州、四国、九州
樹高：20〜30cm（つるの長さ）
花期：9〜10月

●葉身は円形、浅く3〜5裂。長さ・幅ともに5〜10cm。縁には細かい鋸歯があり、先端が小さな芒（のぎ）になっている

50%

今年枝の葉腋に花序が1個ずつつきます

熟し始めた果実。　　茎には密に軟毛が生えます

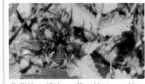

茎は直立または斜上します。高さ20〜30cm

冬枯れの山地に赤く実る、森のルビー

山地の林縁に生える常緑のつる性木本です。茎には褐色の短毛があり、とげのあるものとないものがあります。花は白色で、葉腋（ようえき）から出た花序（かじょ）に5〜10個をつけます。果実は集合果で、11月〜1月にかけて赤く熟し、生食のほかジャムやジュースなどにも利用できます。よく似たミヤマフユイチゴは、葉の先が尖り、茎には下向きのとげがあります。

くらべる

エビガライチゴ【海老殻苺】

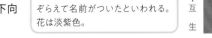

落葉性の低木。茎や枝はつる状に伸び、茎や枝には赤褐色の長い腺毛が密生し、これをエビの殻になぞらえて名前がついたといわれる。花は淡紫色。

分裂

鋸歯縁

互生

　冬に熟することからついた名です。属名の*Rubus*「赤い」は、キイチゴのラテン古名です。

ヤツデ【八つ手】
Fatsia japonica　ウコギ科

常緑

別名：テングノハウチワ
分布：本州、四国、九州
樹高：1〜3m
花期：11〜12月

虫の少ない11〜12月に咲きます

葉は枝先に集まります

15%

●葉身は質が厚く、深く7〜9つに切れ込む。大きな円形で掌状、直径20〜40cm。粗い鋸歯がある

樹皮は灰褐色。茎上部には葉痕が多数あり、皮目があります

分裂

鋸歯縁

互生

フィールドノート

雄性期の花　　雌性期の花

ヤツデの両性花は、雄しべが先に熟し、その後雌しべが成熟する（雄しべ先熟植物）。この仕組みによって自家受粉を防ぐ。

晩秋を彩る緑葉。
性転換をする不思議な植物

海岸近くの林内に自生し、庭や公園にもよく植えられる常緑低木です。葉に白や黄色の模様が入った園芸品種もあります。葉の切れ込みが多いことを数字の「8」で表しヤツデとよばれますが、葉身は7や9など奇数に切れ込みます。花は冬に咲き、蜜を出してハエやアブなどを集めます。両性花と雌花があり、両性花の咲き始めは雄性期、その後雌性期へと移行します。

テングの持つ羽団扇に見立てたテングノハウチワとよぶこともあります。

コゴメウツギ【小米空木】

Neillia incisa バラ科

別名：なし
分布：北海道、本州、四国、九州
樹高：2.5m
花期：5〜6月

●三角状広卵形で葉身は長さ2〜6cm、幅1.5〜3.5cm。重鋸歯、先は尾状に伸びる

原寸

花は直径は4〜5mm

こんもりとしたブッシュ状の樹形。秋に黄葉します

花をクローズアップすると、花弁が10枚あるように見える

山地に生える落葉低木で、ふつうに見られます。冬芽は赤褐色をして、ときに主芽の下に副芽とよばれる予備の芽があります。葉の特徴から、ほかの灌木と容易に区別できます。花弁は黄白色で、萼片も黄色を帯びた白色をしています。よく似たものに、ひと回り大きなカナウツギがあります。本州では、関東地方から中部地方の主に太平洋側に分布しています。

樹皮は灰褐色。若い枝は紅褐色で、盛んに枝分かれします

分裂

鋸歯縁

互生

 小さい花を、米粒のくだけた小米にたとえた名前です。

ムクゲ【木槿】

Hibiscus syriacus　アオイ科

落葉

別名：ハチス
分布：中国中南部原産、各地に植栽
樹高：3m
花期：8〜9月

●葉身は長さ4〜10cm、幅2.5〜5cm。卵形で縁には不ぞろいな粗い鋸歯がある

原寸

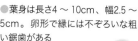

花弁の色は紅紫色、桃色、白色などさまざま

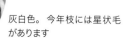
灰白色。今年枝には星状毛があります

こんもりした樹形になります

青空をバックに花を開かせる。暑い夏の風物詩

中国中南部原産の落葉低木で、古くに日本に入り栽培されました。江戸時代には多数の園芸種が作出され、一重咲きや八重咲き、半八重咲きのものがあります。枝先の葉腋につく鐘形の花は直径5〜10cm、朝開き夕方にしぼむ一日花です。果実には黄褐色の星状毛が密生します。和名は、韓国名「無窮花（ムグンファ）」を「ムキュウゲ」と読み、それが転訛したといわれます。

分裂

鋸歯縁

互生

くらべる

フヨウ【芙蓉】

中国中部原産とされる。葉は五角状円形。花は淡紅色〜白色の一日花で、花期は7〜10月。八重咲き品種スイフヨウは、咲き始めは白く、夕方しおれる前に赤くなる。

韓国には自生していないのですが、韓国の国花となっています。

ハナノキ【花の木】

Acer pycnanthum ムクロジ科

別名：ハナカエデ
分布：本州
樹高：25〜30m
花期：4月

● 葉身は浅く3つに切れ込み、先が尖る。長さ3〜8cm、葉の幅2〜10cm。先は尖り、重鋸歯がある

70%

● 葉の裏は粉白色を帯びる

雌花。集まって咲くので美しさが際立ちます

幹の直径は1mほどになります

絶滅危惧種に指定されている、美しくも希少な樹木

山地の湿地に生育する落葉高木で、日本固有種です。花と紅葉が美しく、庭木や公園樹、街路樹として植えられますが、大気汚染に弱い樹木です。葉は3つに浅く切れ込みます。葉の形が似たトウカエデ（P.47）とは、より葉が大きく鋸歯が粗い点で区別できます。葉が出る前に開花します。紅色の花が美しく目立つことからこの名があります。愛知県の県の木です。

樹皮は灰白色。成木は、縦に深く裂けます

分裂

鋸歯縁

対生

 アメリカハナノキが街路樹としてよく植えられており、交雑が心配されています。

イロハモミジ【いろは紅葉】
Acer palmatum ムクロジ科

別名：タカオカエデ
分布：本州、四国、九州
樹高：15m
花期：4〜5月

雄花と両性花が混生します

75%

●葉身は5〜9つに切れ込む。
長さ3〜6cm、幅3〜8cm。
先は長く尾状に尖り、不ぞ
ろいな重鋸歯がある

幹の直径は50〜60cmになります

若木の樹皮は緑色で滑らか。成木では
淡灰褐色で縦に浅い割れ目があります

分裂

鋸歯縁

対生

紅葉の秋、この樹木の彩り
は欠かせない

紅葉が美しい落葉高木で、「モミジ」とい
えばふつう本種を指します。山地のやや
湿り気のある沢沿いや斜面に生え、日当
たりのよい場所を好みます。庭木や公園
樹、盆栽などとして植えられます。名前
の由来は、葉の裂片を「いろはにほへと…」
と数えたことが由来といわれます。似て
いるオオモミジやヤマモミジ（P.43）は、
裂片の幅が広く、鋸歯の形状が違います。

 別名のタカオカエデの「タカオ」は、京都の紅葉の名所、高雄のことです。

オオモミジ【大紅葉】

Acer amoenum var. *amoenum*　ムクロジ科

落葉

別名：ヒロハモミジ
分布：本州、四国、九州
樹高：10〜15m
花期：4〜5月

端正な樹形。イロハモミジより葉が大きいことが名の由来

35%

葉はイロハモミジ（P.42）と比べて大きく、裂片（れっぺん）の部分が広くて揃った単鋸歯か重鋸歯（じゅうきょし）があります。樹皮は灰褐色で浅く割れ目があり、若木では滑らかです。

● 葉身はふつう7つに切れ込む。長さ6〜8cm、幅7〜11cm。先は尾状に尖り、細かい鋸歯あるいは重鋸歯がある。花期にある毛はすぐになくなる

ヤマモミジ【山紅葉】

Acer amoenum var. *matsumurae*　ムクロジ科

落葉

別名：なし
分布：青森県〜島根県の日本海側
樹高：5〜10m
花期：5月

新緑も紅葉も美しい。イロハモミジより裂片が大きい

35%

● 葉身は9つに切れ込み、長さ・幅ともに6〜8cm。掌状に7〜洋紙質で先は尖り、不ぞろいな重鋸歯がある

オオモミジの変種で、イロハモミジより裂片の幅が広く、分裂した部分が太くて重鋸歯（じゅうきょし）があります。樹皮は暗灰褐色。はじめ滑らかで、成木になると縦に浅く裂けます。

分
裂

鋸
歯
縁

対
生

 最近の研究で、オオモミジとヤマモミジは区別できないという見解が出されています。

ウリハダカエデ【瓜膚楓】

Acer rufinerve　ムクロジ科

別名：なし
分布：本州、四国、九州
樹高：12m
花期：5月

雄花序は下垂します

40%

●葉身は浅く3〜5つに切れ込み、長さ・幅ともに6〜15cm。先は尾状に尖り、重鋸歯がある。葉裏の葉腋に毛が生えている

幹は直径25〜30cmになります

分裂

鋸歯縁

対生

若木の樹皮は暗緑色で黒い縦じまがあり、ひし形状の皮目が点在します

木肌が黒斑のある緑色。林内で目立つ

日本固有種の落葉高木で、山地の谷間や緩やかな斜面の林内に生えます。葉は、ほぼ五角形で、ふつう3〜5つに浅く切れ込みます。樹皮の色をマクワウリの果皮の色に見立てたことから、この名前がつけられました。樹皮は老木になると灰褐色になり、浅く縦に裂けます。樹皮からは縄などをつくり、材はこけしや玩具、細工物などに利用されます。

　よく似たホソエカエデは葉柄が赤く、葉裏の葉腋に小さな膜があります。

44

ウリカエデ【瓜楓】

Acer crataegifolium　ムクロジ科

落葉

別名	：	メウリノキ
分布	：	本州、四国、九州
樹高	：	5m
花期	：	4～5月

●葉身は長さ4～8cm、幅3～5cm。
葉の先端は尖り、葉の縁は重鋸歯。
裏面はやや粉白色

75%

花は淡黄色で、総状花序に10個ほどつきます

果実は、赤みを帯びた翼が
ほとんど一直線に開きます

幹の直径は5～10cmほどです

樹皮の色や縞模様が、マクワウリの皮にそっくり

林縁や2次林など、主に低い山の明るい場所に生える落葉小高木で、日本固有種です。公園樹や庭木にするほか、家具材、箸、爪楊枝などに利用されます。雌雄異株で、浅く分裂する葉とほとんどしない葉が混じってつきます。花期には淡黄色の小さな花の房が目立ちます。果実は翼果で、数個が垂れ下がります。名前は樹皮の色がマクワウリの皮に似ているからです。

分裂

鋸歯縁

対生

樹皮は帯青紫色で黒い縦のすじが入ります

別名メウリノキ（女瓜之木）は、ウリハダカエデ（P.44）に比べて小形で可愛らしいことから。

オオイタヤメイゲツ【大板屋名月】

Acer shirasawanum　ムクロジ科

別名：なし	
分布：本州、四国	
樹高：20m	
花期：5〜6月	

1つの花序に雄花と両性花が混生するものと、雄花だけのものがあります

70%

●葉身は9〜13に切れ込む。長さ5〜9cm、幅7〜11cm。裂片の先が尖り、細かい重鋸歯がある。花期には両面に毛があるが、やがてほとんど落ちる

幹の直径は30〜40cmになります

分裂

鋸歯縁

対生

樹皮は暗灰色。成木では浅く裂けます

見栄えする大きな葉を持つカエデ

山地に生育する、新緑と紅葉が美しい落葉高木で、日本固有種です。庭木、公園樹、盆栽などとして植えられます。材は器具材、薪炭材などに利用します。ハウチワカエデ（P.48）にも似ていますが、葉柄に毛がなく、葉柄は長くて葉身とほぼ同じか2/3ほどもあります。名前は、コハウチワカエデ（P.49、別名イタヤメイゲツ）と葉の形が似ていて大きなことから。

果実の分果は、ほぼ水平に開くのが特徴です。

トウカエデ【唐楓】

Acer buergerianum　ムクロジ科

落葉

別名：なし
分布：中国・台湾原産、各地に植栽
樹高：15m
花期：4〜5月

70%

花序に淡緑色の花を20個ほどつけます

●葉身は浅く3つに切れ込み、先が尖る。 長さ3 〜 8cm、幅2〜5cm。 若い葉は鋸歯があり、成葉は全縁

樹皮は灰褐色。 ほかのカエデ類の樹皮と違い、成木では短冊状にはがれます

幹は直立し、枝を広く伸ばします

寒さ不足の都心では黄葉となりがち

紅葉・黄葉のどちらになるかは寒暖の大きさによって違い、とても美しいことから公園や庭園でよく植えられている落葉高木です。大気汚染に強く、街路樹としても利用されます。日本に入ってきたのは享保年間（1716 〜 36 年）といわれ、浜離宮のトウカエデは、江戸幕府八代将軍吉宗が享保 6（1721）年に、清国から贈られた 6 本のうちの 5 本を植えたと伝えられています。

📖 フィールドノート

都市気候の都会では、黄葉になることが多いが、寒暖の差が大きな地域では、紅葉を楽しめる。 季節と場所による葉色の違いも観察ポイント。

分裂

鋸歯縁

対生

 材は建築材などに利用されます。

ハウチワカエデ【羽団扇楓】

Acer japonicum　ムクロジ科

別名：メイゲツカエデ
分布：北海道,本州
樹高：5〜10m
花期：4〜5月

55%

花は紅紫色。花序に両性花と雄花とが混じります

●葉身は9〜11に切れ込む。長さ6〜13cm、幅7〜18cm。質はやや厚く、重鋸歯があり先は鋭く尖る。若葉には白色の毛があるが、一部を除いて落ちる

樹皮は灰青色または灰褐色。成木では縦に割れます

大きなもので15mほどになります

大きく堂々とした葉、紅葉が美しい

山地の谷間や谷間の斜面に多く生え、庭木、公園樹などとして植えられる落葉小高木・高木で日本固有種です。葉柄は葉身の1/4〜1/2の長さで、毛があります。よく似るオオイタヤメイゲツ（P.46）は、葉柄が葉身とほぼ同じくらいの長さで毛がないことから区別できます。大型の葉の形を羽団扇（鳥の羽でつくった団扇）にたとえたことからこの名前がつきました。

フィールドノート

自生するハウチワカエデ。カエデの仲間は園芸でも人気がありよく見かけるが、自然に溶け込み紅葉する姿は、野趣に富んだ美しさがある。

分裂

鋸歯縁

対生

別名メイゲツカエデは、紅葉が落ちる様子を秋の名月の光で見ることができる、という意味。

コハウチワカエデ【小羽団扇楓】

Acer sieboldianum　ムクロジ科

別名：イタヤメイゲツ
分布：本州、四国、九州
樹高：10〜15m
花期：5〜6月

55%

● 葉身は掌状に7〜11に切れ込む。
長さ4〜7.5cm、幅5〜10cm。
単鋸歯または重鋸歯があり、先は短
く尖る。葉柄は葉身と同長か2/3長（ハ
ウチワカエデは1/4〜1/2長）

花弁は萼片より小さく、無毛です

果実には短い軟毛が生え、
翼はほぼ水平に開きます

幹の直径は60cmほどになります

小さなハウチワカエデ。大きさを比較すると面白い

葉の形がハウチワカエデに似ていてひと
回り小さいことから、この名前があります。
低山地の林内に自生し、庭木や公園樹と
して植栽される落葉高木で、日本固有種
です。枝先に白い綿毛が密生した花序を
出し、淡黄色の小さな花を15〜20個
つけます。雄性同株で、ふつう1つの花
序に雄花と少数の両性花が混生します。
果実は翼果で、6〜9月に熟します。

分裂

鋸歯縁

対生

樹皮は暗褐色で成木では浅く縦に割
れます

 材は器具材、薪炭材などに利用されます。

カンボク【肝木】

Viburnum opulus var. *sargentii*　ガマズミ科（レンブクソウ科）

落葉

別名：なし
分布：北海道、本州
樹高：6m
花期：5〜7月

花序の直径は6〜12cm

60%

●葉身は3つに切れ込み、長さ・幅ともに4〜12cm。葉先は尖り、尾のように長くなることもある。上部に粗い鋸歯がある

株立ちになるものもあります

果実は秋に実りますが、鳥もあと回しにするのか、冬を越してもよく残っています

樹皮は暗灰褐色。老木では割れ目が入ります

分裂

鋸歯縁

対生

真っ白な花が目印。赤い果実は見た目とは裏腹の味

山地の林内に生える落葉小高木です。本州では中部地方以北の内陸部や日本海側の湿った場所に多く生え、関東地方以西の太平洋側にはまれです。ガクアジサイ（P.214）と同様、内側にある小さな花が、種子ができる両性花です。その周りの大きな白い花は装飾花で種子はできません。秋に熟す果実は、苦みが強く食用には向きません。名前の由来は不明です。

 かつて薬用とされ、人命に関わる肝要な木の意から名づけられたという説があります。

50

01

森の木の悲鳴 ～ 虫たちによる樹木の事件簿

　青々としているはずの樹木の葉が、ごっそり食べられていたり変色していたりと声にならない樹木の悲鳴が伝わるような風景に出くわすことがあります。

case1　ミズキの悲鳴

　新緑の頃、森林で丸裸になった木を見かけることがあります。わずかに残った葉には、長い毛を持った背中の黒い毛虫がいっぱいついています。被害者はミズキやクマノミズキ、犯人はキアシドクガの幼虫です。初夏、真っ白い羽を持つ成虫がゆったり飛び交う姿からは、とてもその凶暴な姿を想像できません。ドクガの仲間ですが、成虫・幼虫ともに無毒で、北海道・本州・四国に生息します。2017年頃から関東地方では大発生しています。

幼虫　成虫

case2　コナラの悲鳴

根元

　山の斜面や森の中で、夏なのに紅葉しているような木が見られます。近づくと、樹皮の十数か所から木くずが出て根元に落ちています。これはナラ枯れ病にやられた木です。カシナガ（カシノナガキクイムシ）が媒介するナラ菌によるもので、ナラの仲間に被害が出ています。キクイムシがあけた孔道に広がったナラ菌により細胞が死に木が枯れていきます。昔からあったようですが近年被害が拡大、それは人間の生活様式の変化により森の環境が変わったからと考えられています。

case3　ソテツの悲鳴

　最近、新芽がぼろぼろになったソテツが見られます。これはクロマダラソテツシジミの幼虫によるものです。1992年に沖縄本島で初めて確認され、2007年には和歌山県串本町などで確認され、今では千葉県など各地に広がり、枯れてしまうものまで出てきて、心配の種です。

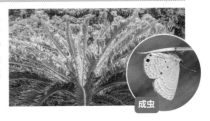

成虫

キヅタ【木蔦】
Hedera rhombea　ウコギ科

常緑

別名：フユヅタ
分布：北海道、本州、四国、九州、沖縄
樹高：10〜25m（つるの長さ）
花期：10〜12月

花序に小さな黄緑色の花を多数つけます

●葉身は長さ3〜7cm、幅2〜4cm。花のつく枝では切れ込まない。全縁で先は尖る

75%

樹皮は灰色。皮目があります

茎の直径は6cmになるものもあります

くらべる
セイヨウキヅタ（アイビー）

ヨーロッパ全域とトルコに自生。キヅタより深く5裂するため区別できる。白い斑入り（グレーシャー）、黄色い斑入り（ゴールドハート）などの園芸品種がある。

不分裂

全縁

互生

木をはい登り、日光を受けると花序をつけ開花する

照葉樹林内や林縁、原野などに生える常緑つる性木本です。庭や公園のグラウンドカバーなどとして植えられます。葉は切れ込まないものと、3〜5つに切れ込むものがあります。付着根を出してほかの樹木や岩、壁などをはい登り生長しますが、巻きついた木を枯らすようなことはありません。秋に葉を落とすツタ（P.30）に対して、フユヅタともよばれます。

学名の属名*Hedera*は「しがみつく」の意。種形容語*rhombea*「ひし形の」は葉の形から。

クスノキ【楠、樟】
Cinnamomum camphora　クスノキ科

常緑

別名：クス
分布：本州、四国、九州、沖縄
樹高：20m
花期：5〜6月

●葉はやや革質。葉身は長さ5〜12cm、幅3〜6cm。先が鋭く尖り、全縁で無毛

90%

黄緑色で小さい花。花被片は長さ約1.5mm

樹皮は暗褐色で、細かく縦に割れ目が入ります

幹は直径2mほどになります

神社などに植えられ、心のよりどころとなる荘厳な木

そびえ立つような巨木も多く見られる常緑高木。九州あるいは中国原産ともいわれますが、自生地は不明です。街路樹・公園樹のほか、古くから寺社などに植えられ、天然記念物に指定されている銘木もあります。かつては材や葉を防虫剤の樟脳の原料としました。葉をもむと、その香りを確認できます。常緑樹ですが、葉の寿命は1年で、毎年春に新しい葉が芽吹きます。

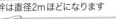
📖 フィールドノート

クスノキの葉はアオスジアゲハの食草。とても大きな木なので、卵から成虫になり子孫を残すまでの蝶の一生（生活環）が、この木の上で完結する。

不分裂

全縁

互生

 葉の主脈の付け根の膨らみは「ダニ部屋」とよばれ、ダニがいることがあります。

タブノキ【椨の木】
Machilus thunbergii クスノキ科

常緑

別名：イヌグス
分布：本州、四国、九州、沖縄
樹高：20m
花期：4〜5月

枝先の円錐花序に黄緑色の小さな花をつけます

●葉身は長さ8 〜 15cm、
幅3 〜 7cm。 葉先は
短く尖り、 全縁。
両面とも無毛

70%

大きな冬芽が、枝先に
1個だけつきます

葉は互生し、枝先に集まってつきます

樹皮は淡褐色〜褐色で滑らか。皮目が
散在します。古木では割れ目が入ります

不分裂

全縁

互生

初春、枝先についた大きな冬芽が目立つ

海岸地に多い代表的な常緑広葉樹林の樹木のひとつで常緑高木です。 分布地の北の地域では海岸沿いに、 南の地域では山地にも生え、 公園樹や庭木として植えられます。 葉は枝先に集まってつき、 若葉は紅色を帯びるものが多くあります。 冬芽は大きく、 しばしば赤みを帯びます。 乾燥させた樹皮を粉末したものは粘着性があり、 線香を製造するとき粘結剤として利用されます。

 名前の由来は「霊（タマ）の木」が変化したともいわれますが、定かではありません。

54

シロダモ【白だも】

Neolitsea sericea クスノキ科

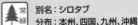

常緑

別名：シロタブ
分布：本州、四国、九州、沖縄
樹高：10m
花期：10〜11月

●葉身は革質で、長さ8〜18cm、幅4〜8cm。長楕円形または卵状長楕円形。先は尖り、縁は全縁で波打つ

80%

●3脈が目立つ

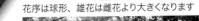
花序は球形、雄花は雌花より大きくなります

●裏はロウ質に覆われ灰白色

葉は枝先に輪状に集まります。円内は果実

1年かけて熟した赤い果実。同じ枝に今年の花が咲く

山野や平地に生える常緑高木です。花は10〜11月に咲き、翌年の同じ時期に果実が赤く熟すので、花と果実を同時に楽しめます。かつて、果実から採った油でろうそくがつくられました。葉裏の白い部分はロウ質で、気孔に水滴が入らないよう水をはじく役目を持っています。ここにライターの火をかざすと、ロウ質が溶けて葉の緑色の部分が現れます。

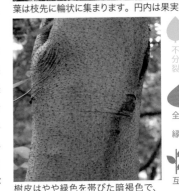
樹皮はやや緑色を帯びた暗褐色で、小さな丸い皮目がたくさんあります

不分裂

全縁

互生

タモはタブ（タブノキ、P.54）の転訛。葉裏が白いことからシロダモの名があります。

ヤブニッケイ【藪肉桂】

Cinnamomum yabunikkei クスノキ科

常緑

別名：マツラニッケイ、クスタブ、クロダモ
分布：本州、四国、九州、沖縄
樹高：10m
花期：6月

淡黄緑色の花被片。長さ2.5mmほど

●葉は革質で、葉身は長さ7〜10cm、幅2〜5cm。全縁で、葉の先は短く尖り先端は鈍頭

原寸

●3脈が目立ち、側方の2脈は葉の先まで達しない

樹皮は赤みを帯びたこげ茶色で、比較的滑らかです

幹は直径50cmほどになります

不分裂

全縁

互生

くらべる

ニッケイ【肉桂】

沖縄県本島などに分布し、香料（ニッキ）や薬用（桂皮）として利用される。ヤブニッケイとそっくりで、葉がひと回り大きく、裏に毛がある。

葉をもむとほんのりと甘い香りがする

山地に生え、シイ林やタブノキ林に多く、庭木として植えられる常緑高木です。大きいものでは高さ20mほどにもなります。主脈が3本に分かれ、両脇の脈が葉の肩のあたりで目立たなくなります。この特徴からほかのクスノキ科の樹木と区別できます。葉をもむと甘い香りがし、樹皮にも芳香があってどちらも薬用にします。また、種子からは香油が採れます。

 ニッキと香りが似ているシナモンは、セイロンニッケイ（クスノキ科）の樹皮が原料です。

クサギ【臭木】

Clerodendrum trichotomum　シソ科

落葉

別名：なし
分布：北海道、本州、四国、九州、沖縄
樹高：2〜8m
花期：8〜9月

●葉身は長さ8〜15cm、幅5〜10cm。三角形に近いハート形をしている。葉の先は尾状にやや尖る。対生する葉柄の長さが違う

45%

4本の雄しべが、花柱と一緒に飛び出しています

果期に萼片は紅色となり、種子の紫青色との色対比が目を引きます

樹冠は広がります

昼はアゲハチョウの仲間、夜はスズメガの仲間が訪れる

山野の日当たりのよい林縁などに生える落葉低木・小高木で、荒れ地に真っ先に侵入してくるパイオニア植物です。葉はふつう全縁で、鋸歯（きょし）があるものもあります。枝や葉をちぎると独特の臭気があり、名前の由来となっています。一方、春に咲く白い花は、葉や枝とは対照的によい香りがします。秋に赤い萼（がく）が目立ち、熟した果実は鳥に食べられて種子散布（しゅしさんぷ）します。

不分裂

全縁

対生

樹皮は灰色ないし暗灰色。皮目が多く、縦に裂け目があります

若葉は、山菜としておひたしや炊き込みご飯などにします。

57

ドクウツギ【毒空木】

Coriaria japonica　ドクウツギ科

別名：なし
分布：北海道、本州
樹高：1.5m
花期：4〜5月

●葉身は長さ6〜8cm、幅2.5〜3.5cm。先は尾状に尖る。全縁で葉柄はほとんどない。両面とも無毛

原寸

雌雄同株。花弁が萼片より小さいのが特徴です

羽状複葉に見えますが、対生した単葉です

未熟果に最も多くの毒成分があり、葉や茎にも神経毒コリアミルチンなどが含まれます

樹皮は褐色で皮目があり、枝には4稜があります

不分裂

全縁

対生

日本三大毒草のひとつ。果実を食べ死亡事故が起きている

有毒植物として有名な樹木で、生葉24gで致死量に達するといわれます。熟した果実は干しブドウに似ていますが、これを食べた子どもの誤食事故も起きています。山野の河原、原野などに生える落葉低木で日本固有種です。果実は赤く目立ち、8〜9月に黒紫色に熟します。名前の由来は、有毒でウツギ（P.212）に樹形が似ていることからです。

 日本三大毒草とは、トリカブト、ドクゼリ、ドクウツギを指します。

イヌビワ【犬枇杷】

Ficus erecta var. *erecta*　クワ科

落葉

別名：イタビ
分布：本州、四国、九州、沖縄
樹高：3〜5m
花期：4〜5月

● 葉は卵状の楕円形。葉身は長さ
8 〜 20cm、幅3 〜 8cm。葉先
は急に尖り、全縁

60%

花嚢は球形。雄花嚢は熟すと黒くなります

樹皮は白っぽい灰褐色。樹皮は
滑らかで枝は横に広がります

葉が茂るとこんもりとした姿になります

イヌビワコバチだけが、花粉を運ぶ役目を担う

暖地の山地や丘陵地にふつうに生える落
葉小高木です。ビワはバラ科ですがイヌ
ビワはクワ科イチジク属で、枝や葉柄を
折ると乳液が出ます。花は外からは見え
ない袋状の集合花（花嚢）で、内側にた
くさんの花をつけます。果実（果嚢）の
形はイチジクに似ていて、黒紫色に熟す
と甘く食べられます。雌雄異株で、冬の
間も果実をつけているのは雄株です。

📖 フィールドノート

イヌビワコバチ

雄株の花嚢には雄花と虫えい花（雌
花）があり、この子房にイヌビワコバ
チが産卵する。なお、雌株の雌花
は、花柱がハチの産卵管より長く産
卵できない。コバチは雄花嚢の中で
成虫になり、交尾後メスが花粉をつけ
て飛び回り、雌花に花粉をつける。

不分裂

全緑

互生

果実がビワに似ているものの味はビワより劣るため、この名がつきました。

オオヤマレンゲ【大山蓮華】

Magnolia sieboldii subsp. *japonica*　モクレン科

別名：ミヤマレンゲ
分布：本州、四国、九州
樹高：4〜5m
花期：5〜7月

白色の萼片が3枚外側につきます

55%

●葉身は長さ6〜20cm、幅5〜12cm。葉先は短く尖り、縁は全縁。表側はときに毛が散生。葉裏は白い毛に覆われる

幹は斜上し屈曲します

樹皮は灰白色をしています

不分裂
全縁
互生

芳香を持つ白い花が、林の緑の中で神秘的に浮き上がる

山地の落葉広葉樹林の中に生える落葉小高木です。花が美しく庭木として植えられ、生け花にも利用されます。葉が出たあと、枝先に独特な芳香がある白色の花を、下向きあるいは横向きにつけます。花被片（か ひ へん）はふつう9枚あります。葯（やく）は淡い橙黄色をしています。名前は、奈良県の大峰山（おおみねさん）に自生地があり、花が蓮華（れんげ）（白いハス）のようであることからつきました。

 学名の種形容語 *sieboldii* は、日本にも来航した医学者・植物学者のシーボルトに由来。

カキノキ【柿の木】

Diospyros kaki　カキノキ科

別名：カキ
分布：中国原産、本州、四国、九州に植栽
樹高：10m
花期：5〜6月

● 葉身は長さ7〜17cm、幅4〜10cm。葉先は急に尖り、縁は全縁。全面に毛がある

65%

果実は、日本を代表する果物のひとつです

淡緑色の鐘形の花を葉腋につけます。写真は雄花

果実の重みで樹形は丸みを帯びます

オレンジ色の果実は、代表的な秋の風物詩

果樹として古くから広く栽培され、庭木や盆栽などとしても植えられています。葉には常緑樹のような光沢がありますが、秋に紅葉する落葉高木です。多くの品種があり、果実の大きさや形はさまざまで、甘いもの（甘柿）と渋いもの（渋柿）があります。甘柿の果実は甘く、生のまま食べるほか料理にも使われます。渋柿は干して渋を抜いて、甘い干し柿にします。

樹皮は灰褐色。成木では縦に裂けてはがれます

不分裂

全縁

互生

 未熟な渋柿を発酵させて作る柿渋は、カキタンニンを含み塗装の下地などに用います。

クロモジ【黒文字】

Lindera umbellata var. *umbellata*　クスノキ科

別名：なし
分布：本州
樹高：2〜5m
花期：4月

葉の展開と同時に、小さな花が咲きます

●葉身は長さ5〜10cm、幅1.5〜3.5cm。葉先は鈍く尖り、縁は全縁。はじめ縮毛に覆われるがやがて無毛

原寸

樹皮は灰褐色で、皮目があります

幹は直径10cmほどになります

くらべる

カナクギノキ【鉄釘の木】

本州（箱根以西）〜九州に分布。クロモジによく似るが、前年枝は淡褐色で皮目がある。葉の裏面に帯褐色の絹毛が残る。

不分裂
全縁
互生

小さな黄色い花が密集してつく姿は初々しい

山地の落葉樹林内に生える落葉低木・小高木で、庭木として植えられます。枝や葉に芳香があります。葉の形は、神奈川県以西に分布する同属のカナクギノキと似ていますが、本種には葉の裏に白い絹のような毛が生えています。前年枝（ぜんねんし）は緑色で皮目はなく、樹皮に黒い汚れのような模様が入ります。それを文字に見立てて、クロモジ（黒文字）と名づけられたといわれます。

 枝は、高級料理屋や茶道などで使われる爪楊枝に利用されます。

コクサギ【小臭木】

Orixa japonica ミカン科

別名：なし
分布：本州、四国、九州
樹高：1.5〜3m
花期：4〜5月

● 葉身は長さ5〜12cm、幅3〜7cm。縁はふつう全縁

60%

花は淡黄緑色。写真は雄花

分果した果実。果皮が裂開するときに勢いよく果実を飛ばします

左右に2枚ずつ交互に葉がつく特別な互生です

3〜4個に分かれた果実の形が面白い

低地の沢沿いなどに多く見られる落葉低木です。葉が2枚ずつ左右交互につく特殊な互生をするコクサギ型葉序（P.10）が特徴で、このような葉のつき方をする樹木は、ほかにケンポナシ（P.236）やサルスベリ（P.67）などがあります。雌雄異株で、雄花は総状に数個、雌花は短い柄の先に1個つきます。全体に臭気があり、葉をちぎると強いにおいがします。

灰白色色または灰褐色。小さな丸い皮目があります

不分裂

全縁

互生

 名前の由来はクサギ（P.57）のように臭気があり、小形であることからです。

コブシ【辛夷】

Magnolia praecocissima　モクレン科

別名：なし
分布：北海道、本州、四国、九州
樹高：15m
花期：3〜4月

花は白色で基部が紅色を帯びます

●葉身は長さ6〜15cm、幅3〜6cm。葉先は短く尖り、全縁

75%

果実は長さ5〜10cmの集合果。熟すと覆っている皮が破れて赤い実が露出し、白糸で吊り下がります

葉をもんでも香りがします

樹皮は灰白色で平滑。皮目があります

不分裂
全緑
互生

早春、大きく真っ白な花が目に飛び込んでくる

葉が出る前に香りのある花を咲かせます。丘陵地や山地に生える落葉高木で、庭木や公園樹、街路樹として植えられます。大きな6枚の花被片（花弁）の外側に3枚の小さな花被片（萼片）がついています。タムシバ（P.65）とよく似ていますが、本種は花のすぐ下に小さい葉があります。また、葉芽に毛がありますがタムシバにはありません。若いつぼみは薬用になります。

 果実（集合果）を、握りこぶしに見立てたことからこの名がつきました。

タムシバ【田虫葉】

Magnolia salicifolia　モクレン科

別名：カムシバ、サトウシバ
分布：本州、四国、九州
樹高：10m
花期：4〜5月

● 葉身は質が薄く、長さ6〜12cm、幅2〜5cm。葉先は尖り、全縁

85%

花弁は6枚。花は直径約10cm

熟すと袋果が裂開して、赤い種子が糸状の柄の先にぶら下がります

コブシに比べて小形の樹木

日本海側で見られるのはコブシではなく、ほとんどがタムシバ

山地、ときに低地にも生える落葉高木で、地方ではまれに庭木として植えられています。葉をもむと強い香りがあり、かむと甘みを感じます。葉の展開前に芳香のある白色の花が咲きます。コブシ（P.64）と違い、花の下に葉はつきません。また、葉はコブシよりも薄く、裏は白色を帯びます。果実は袋果が集まった集合果で、赤い種子が白い糸でぶら下がります。

樹皮は灰色〜灰褐色。縦に皮目が並びます

不分裂

全縁

互生

 葉をかむと少し甘みを感じるので、カムシバが転訛してタムシバの名となりました。

シモクレン【紫木蓮】

Magnolia liliiflora　モクレン科

別名：モクレン
分布：中国原産、各地に植栽
樹高：15m
花期：3〜4月

外側は紅紫色で、内側は白色です

幹はしばしば叢生します

●葉身は倒卵形でやや厚く、長さ8〜12cm、幅4〜10cm。葉の先は短く尖り、縁は全縁

60%

樹皮は灰白色で滑らか。皮目があります

くらべる

ハクモクレン【白木蓮】

モクレンの仲間で、葉の展開前に花をつけ白く美しい。コブシ（P.64）に似ているが、葉の縁は波打たず、花被片はすべて同じ大きさで、花は全開しない。

不分裂
全縁
互生

葉とともに、枝の先を
紅紫色で飾る

春の訪れを告げる花のひとつで、葉の展開前に紅紫色の花を開き始め、葉が開くにともなって咲き続けます。中国原産の落葉高木で、観賞用に庭木や公園樹として植えられ、切り花にも用いられます。花は、狭い釣鐘状で花被片は6枚、全開せず反り返るように咲きます。黄緑色の萼片が3枚あります。袋果は裂開すると、赤い種子が現れます。

 木蓮の名は、花が蓮（ハス）の花に似ていることから。木蘭ともよばれていたそうです。

サルスベリ【百日紅】
Lagerstroemia indica ミソハギ科

別名：ヒャクジツコウ
分布：中国南部原産、各地に植栽
樹高：10m
花期：7〜10月

●葉身は長さ2.5〜6.5cm、幅2〜3cm。葉先は鈍頭または円頭で、全縁

原寸

花は房状にまとまってつきます

樹皮は淡紅紫色。滑らかで薄くはげ落ち、雲紋状に淡い色の木肌が現れます

花色は桃紫・赤色・白などがあります

夏の風物詩。長い期間華やかに咲く花を楽しめる

庭木や公園樹、街路樹などとして広く植えられる落葉高木です。葉のつき方は対生またはほぼ対生で、コクサギ型葉序（P.10）も混じります。6枚ある花弁は縁が縮れて波打っています。樹皮の表面が滑らかなので、猿も滑り落ちるということからこの名がつきました。また、花期が7〜10月と長いことから、「百日紅」の漢名があります。

くらべる

シマサルスベリ【島百日紅】（幹）

沖縄以南に分布し、公園や植物園などに植栽される。樹皮は茶褐色ではげ落ち、淡褐色の木肌が見立つ。花は白色で6〜8月に咲く。

不分裂

全縁

対生

 雄しべの数は36〜42本。長い雄しべ6本は受精機能を持ち、ほかの黄色い葯は虫のエサ。

シラキ【白木】
Neoshirakia japonica トウダイグサ科

別名:	なし
分布:	本州、四国、九州、沖縄
樹高:	4〜6m
花期:	5〜7月

小さく黄色い花。花弁はありません

花期には枝のような花序が目立ちます

樹皮は灰褐色あるいは灰色で滑らか。
縦に浅い裂け目があります

不分裂
全縁
互生

●葉身は長さ7〜17cm、幅6〜11cm。葉先は鋭く尖り、全縁。両面とも無毛

60%

秋の紅葉は美しく、果実は三角状の扁球形です

白っぽい木肌に、秋の紅葉が映える

山地の落葉広葉樹林内に生える落葉小高木で、庭木や公園樹として植えられます。雌雄同株で、総状花序の上方に雄花を、下方に雌花をつけます。種子には油分が多く含まれ、かつては種子を搾って油を採り、食用や灯油としました。葉の形や紅葉がややカキノキ（P.61）に似ていますが、本種はカキノキよりも葉の表面の光沢が弱く、毛がない点で区別できます。

 木肌や材が白いことからこの名がつきました。

ネジキ【捩木】
Lyonia ovalifolia var. *elliptica*　ツツジ科

別名：カシオシミ
分布：本州、四国、九州
樹高：3〜7m
花期：5〜6月

●葉身の長さ5〜10cm、幅2〜6cm。先は尖り、縁は全縁で大きな波状となる

原寸

横に出した花序に、花が下向きに並びます

幹の直径は7〜25cmになります

スズランのような小さく白い花が、下向きにつく

丘陵や山地の乾燥した斜面や岩場などに生える落葉小高木です。庭木として植えられ、今年枝や冬芽が美しいので生け花に利用されます。白色の花は壺のような形をしており、花序に一列に並び下向きにつきます。生長とともに幹がねじれるという特徴があり、名前の由来になっています。なお、幹がねじれない個体もあります。有毒植物なので注意が必要です。

樹皮は灰黒色または褐色。縦に裂け目があって薄くはがれます

不分裂

全縁

互生

冬芽が深紅色、今年枝も赤いので、「塗り箸」の名もあります。

ホオノキ【朴の木】
Magnolia obovata モクレン科

別名：ホオガシワ
分布：北海道、本州、四国、九州
樹高：30m
花期：5〜6月

直径が約15cmになる大きな花です

葉は互生し、枝先に集まってつきます

● 葉身は長さ20〜40cm、幅10〜25cm。倒卵形〜倒卵状長楕円形。縁は全縁で先は鈍頭。表は緑色で無毛

不分裂

全縁

互生

樹皮は灰白色で滑らか。皮目が多数あります

足元の大きな落ち葉。見上げるとそこにホオノキ

丘陵〜山地に生える落葉高木で、樹高30m、幹は直径1m以上になります。ホオノキの葉と花は日本の樹木の中で最も大きく、葉は昔から食べ物を載せたり包んだりするのに使われてきました。花は白色で芳香があります。材はかたく変形しづらいので、家具材などに利用されます。自家受粉を避けるために、花は、1日目に雌しべ、2日目に雄しべが開きます。

味噌を載せて炭火で焼く朴葉味噌は、岐阜県高山の名物です。

60%

原寸

葉が枝先に集まってつくため
掌状複葉のトチノキ（P.288）
と間違えやすいのですが、ホ
オノキの葉は裏が白く、鋸歯
がないことから区別できます

● 葉裏は白色を帯び、
軟毛が散生する

ミズキ【水木】
Cornus controversa　ミズキ科

落葉

別名：クルマミズキ、ハシノキ
分布：北海道、本州、四国、九州
樹高：10〜20m
花期：5〜6月

枝先に小さな白花をつけた花序を広げます

●葉身は長さ6〜15cm、幅3〜8cm。
先は短く急に尖り、全縁

55%

葉は互生し、枝先に集まります

樹皮は灰褐色あるいは灰黒色。縦に浅い溝があります

塊（かたまり）となった白い花が、ぎっしりと木を覆う

平地、丘陵から山地にふつうに見られる落葉高木で、全国に分布しているためよく目につく樹木のひとつです。水平に伸ばした扇状の枝を、段状に四方に広げる独特の樹形をしています。材は白く加工しやすいため、下駄やこけしなどに利用されます。名前は、樹液が多く早春に枝を切ると切り口から水がしたたり落ちることによります。

不分裂

全縁

互生

くらべる

クマノミズキ【熊野水木】

本州、四国、九州に生育し、葉は対生。ミズキとよく似るが花期が1か月ほど遅い。また、冬芽が裸芽で筆先のような形をしている。

 葉が展開した頃、キアシドクガの幼虫の食害で丸坊主になった姿をよく見かけます。

メギ【目木】
Berberis thunbergii　メギ科

落葉

別名：コトリトマラズ
分布：本州、四国、九州
樹高：2m
花期：4月

●葉身は長さ1〜5cm、幅5〜15mm。葉先は尖らず、全縁

原寸

●葉は短枝に集まってつき、長枝は互生、短枝は束生。枝には縦の溝と稜がある

原寸

花は黄緑色。短枝の先に花序を出します

幹は分岐し、平たい球状の樹形になります

黄色い小花たちが枝を飾る。しかし、鋭いとげもある

山地や丘陵の林縁などに生える落葉低木で、生け垣などとして植えられます。葉の色が赤色や黄色の園芸品種もあります。へらのような形の小さな葉がまとまってつきます。名前は、葉や木部を煎じて洗眼薬にしたことからつけられました。また、別名のコトリトマラズは枝の節に鋭いとげが多く、小鳥が止まれないことからつきました。

樹皮は灰白色ないし灰色で、縦に不規則な割れ目があります

不分裂

全縁

互生

 雄しべにそっと触れると、内側に曲がります。これは花粉を虫につけるための動きです。

アカガシ【赤樫】

Quercus acuta ブナ科

別名：オオガシ、オオバガシ
分布：本州、四国、九州
樹高：20m
花期：5〜6月

● 葉は厚く、やや革質。葉身は長さ7〜15cm、幅3〜5cm。葉先は細く尖り、縁は全縁で、まれに上部に波状の鋸歯がある

雌花序は小さく、雄花序は長さ6〜12cm

90%

●葉柄が長い

幹の直径は80cmほど。大木となります

樹皮は緑灰黒色で、ふつう皮目は目立ちません。老木では割れ目が目立ちます

不分裂

全縁

互生

老木の割れた木肌に、年月の流れを伝えるぬくもり

山地に生える常緑高木で庭木や公園樹、神社や屋敷林として植えられます。葉の開出と同時に花をつけ、雄花序（ゆうかじょ）が今年枝（こんねんし）の下部につき垂れ下がります。雌花序（しかじょ）は、上部の葉腋（ようえき）に直立してつきます。材が淡い紅褐色で赤色が強いのでこの名がつきました。柾目（まさめ）などの木目の模様が美しくかたいので、建築材、家具材などさまざまな用途に利用されます。

 果実（堅果、どんぐり）は2年がかりで熟します。翌年の秋に実って地面に落ちます。

アズマシャクナゲ【東石楠花】

Rhododendron degronianum　ツツジ科

別名：なし
分布：本州
樹高：2～4m
花期：5～6月

●葉は革質。葉身は長さ5～15cm、幅1.5～3.5cm。葉先は鋭く尖り、全縁

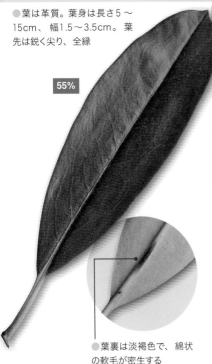

55%

●葉裏は淡褐色で、綿状の軟毛が密生する

花冠は直径4～6cm。枝先に数個つきます

群生してトンネルをつくることもあります

群生地では、ピンク色の花のトンネルをつくることも

山地や深山の岩場、石などの多い林内や林縁に生える常緑低木・小高木です。シャクナゲの仲間の中でも、ひときわ美しい花を咲かせます。花冠は淡い紅紫色〜紅紫色で上面内側に濃色の斑点があり、上部が5つに切れ込みます。よく似たハクサンシャクナゲの花（P.76）は白色で赤みを帯び、葉身と葉柄の境が明瞭です。名前は、東北・関東地方などの東国に分布することから。

樹皮は褐色です

不分裂

全縁

互生

シャクナゲはネパールの国花で、国旗にも描かれています。

75

ハクサンシャクナゲ【白山石楠花】

常緑

別名：なし
分布：北海道、本州、四国
樹高：1～2m
花期：6～7月

Rhododendron brachycarpum　ツツジ科

花冠の直径は3～6cm

●葉身は、長さ6～18cm、幅2.5～6cm。葉先は円形または鈍形で、全縁。上面に光沢があり、冬季には、葉をくるりと巻く

85%

●葉裏は淡褐色で毛が密生する

葉は互生し、枝先に集まってつきます

樹皮は褐色です

不分裂

全縁

互生

霧のかかる山中に咲く。玄妙な姿の白い花

6月から7月にかけて、山に夏の訪れを知らせるように白色や薄紅色の花を咲かせます。山地から高山の林内、本州では亜高山帯の針葉樹林の下に多く見られる常緑低木です。アズマシャクナゲ（P.75）よりも高い標高に生えます。葉身はかたく革質で、縁が裏側に反り返ります。本種の葉は、アズマシャクナゲに比べ葉身と葉柄（ようへい）の境がはっきりしています。

葉裏に毛がないものをケナシハクサンシャクナゲといい、地域によっては一緒に分布しています。

サツキ【皐月】

Rhododendron indicum ツツジ科

常緑

別名：サツキツツジ
分布：本州、九州
樹高：0.5〜1m
花期：5〜7月

●葉身は細長い流線形で、質は厚い。長さ2〜3.5cm、幅5〜10mm。葉の先は尖り、縁は全縁で毛がある

原寸

原寸

●葉は、枝先に輪生状に集まる

5本の雄しべと1本の雌しべがあります

岩にへばりついて生えています

清冽な渓流沿いに根を張り自生。葉は細長い流線形

朱赤色の美しい花を咲かせる半常緑低木で、川岸の岩の上など湿気のある場所に生える渓流植物です。江戸時代から栽培が行われ、多彩な品種が数多くつくられています。盆栽や庭木として広く植えられているほか、大気汚染や刈り込みに強いので、街路樹にも用いられます。花が旧暦の5月（皐月）に咲くことから、この名がつけられました。

樹皮は灰黒色です

不分裂

全縁

互生

 学名は「インドのツツジ」という意味で、植物学者のリンネによって名づけられました。

ヤマツツジ【山躑躅】

Rhododendron kaempferi var. *kaempferi*

常緑　ツツジ科

別名：なし
分布：北海道、本州、四国、九州
樹高：1〜5m
花期：4〜6月

枝先に1〜3個の朱色の花を咲かせます

長く突き出ているのが雌しべ。少し短いのは雄しべ。雄しべの先の丸いものは葯です

原寸

●葉身は長さ3〜5cm、幅1〜3cm。葉先は尖り、縁は全縁で毛がある

葉は互生で、枝の先端に輪生状に集まります

不分裂

全縁

互生

樹皮は灰黒色〜黒褐色をしています

日本の野生ツツジの代表。新緑の中に赤い花が映える

日本各地に分布する半常緑低木・小高木で、山地や丘陵、林縁や林内、草原などでふつうに見られ、地域環境に適合した変種や、種として独立したものもあります。観賞用に庭などに植えられます。花の色や形に変化が多く、たくさんの品種がつくられています。春と夏に葉を入れ替えますが、春に出る葉は大きく、秋に出る葉は小さくて、多くが越冬します。

旧制三高寮歌『逍遥の歌』にある「紅萌ゆる丘の花」は、本種という説があります。

ミツバツツジ【三葉躑躅】

Rhododendron dilatatum var. *dilatatum*　ツツジ科

別名：なし
分布：本州
樹高：2〜3m
花期：4〜5月

●葉身は長さ3〜7cm、幅2.5〜5cm。葉先は鋭く尖り、縁は全縁で波状

原寸

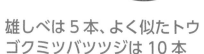

樹皮は灰褐色をしています

花冠は漏斗状で、長さは3.5〜4cm

葉は枝先に3枚が輪生

雄しべは5本、よく似たトウゴクミツバツツジは10本

丘陵や山地の林内や岩場に生える落葉低木で、観賞用に庭木として植えられます。葉はひし形で、表面に毛はほぼありませんが、裏にわずかに生えることがあります。各地に多くの変種があり、区別は困難です。葉が開く前に、紅紫色の花を枝先に2〜3個つけます。よく似た仲間のトウゴクミツバツツジは、葉と同時に花が咲き出します。

くらべる

ゴヨウツツジ【五葉躑躅】

別名シロヤシオ、マツハダ。葉が5枚輪生する。葉の縁は紅色を帯び細かい毛があり、葉裏の下半分にも白い毛が生える。

不分裂

全縁

束生・輪生

 名前は、葉が枝先に3枚輪生することからつきました。

カゴノキ【鹿子の木】

Litsea coreana クスノキ科

常緑

別名：コガノキ、カゴガシ
分布：本州、四国、九州
樹高：22m
花期：8〜9月

花は淡黄色。写真は雌花序

●葉は薄い革質。葉身は長さ5〜9cm、幅1.5〜4cm。縁は全縁

原寸

先の尖った冬芽は、タブノキとの見わけ方のポイントのひとつ

葉は互生し、枝先に集まります

美しい木肌の鹿の子模様がこの木のいちばんの特徴

暖地のシイ林やタブノキ林などに生える雌雄異株の常緑高木です。若い木では樹皮の特徴が出ず、タブノキ（P.54）と間違えやすいのですが、タブノキより葉が小さく、今年枝が褐色を帯びる点で見わけることができます。成木になると、樹皮が鹿の子模様（小鹿の背のように斑点が散在する模様）になることからこの名前がつきました。

不分裂

全縁

互生

樹皮は灰黒色。円い薄片となってはがれ落ち、白い鹿の子模様が残ります

 材は床柱や太鼓、薪炭などに利用されます。

02
絞め殺し植物

● 絞め殺し植物とは?

　植物は、光合成に必要な光を熾烈な競争をしながら取り合っています。草木が生い茂りひときわ生存競争が激しい熱帯のジャングルでは、ほかの木を絞め殺して自分の生活圏を得る「絞め殺し植物」が生育しています。日本でも暖かい所で見られ、ガジュマルやアコウなどがその例です。観葉植物でよく知られているベンジャミンやインドゴムノキなども絞め殺し植物の仲間です。

● 絞め殺し植物の生活

　絞め殺し植物の種子は鳥などに食べられて運ばれます。糞に混じった種子がほかの樹木の幹に落ちると、発芽して生長しながら気根を地面に向けて垂らします。やがて、伸びた気根が地面につき水分や養分を吸収するようになると、急激に大きくなって、もとの木を覆って光を奪い、さらには太くなった気根で取りついた木に絡みついて幹を締めつけます。もとの木は枯れてしまい、絞め殺しの木はしっかりと大地に根を張り、入れ替わってしまいます。

▌ アコウ【雀榕】
Ficus superba var. *japonica*　クワ科

本州（紀伊半島）〜沖縄の海岸近くに生える常緑高木で、雌雄異株、高さ10〜20mになる。葉は互生し厚い革質で、葉身は楕円形、先端は短く尖る。常緑樹だが、一斉に落葉して新芽を出す性質があり、花嚢は枝や幹にびっしりつく。名前は沖縄の方言からついたといわれる。

▌ ガジュマル【榕樹】
Ficus microcarpa　クワ科

屋久島以南、沖縄の海岸近くに生える常緑高木で、雌雄異株、高さ8〜10mになる。葉身は倒卵形で全縁。多くの気根が垂れ下がった姿は圧巻で、観光スポットとなっている所もある。多幸の樹ともよばれ、幸福をもたらす精霊がすむ木だそうだ。名前は沖縄の方言からついたといわれる。

ゲッケイジュ【月桂樹】

Laurus nobilis クスノキ科

常緑

別名：ローレル、ローリエ
分布：地中海沿岸原産、各地に植栽
樹高：12m
花期：4月

葉腋に小さな淡黄色の花をつけます

原寸

●主脈はよく目立つ。側脈はあまり目立たない

●葉は厚くてかたい。葉身は長さ7〜9cm、幅2〜3.5cm。葉先は尖り、縁は全縁で波打つ

枝から立ち上がり、樹形がまとまっています

不分裂

全縁

互生

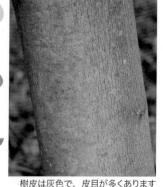

樹皮は灰色で、皮目が多くあります

勝利と栄光を象徴する木。実用性も高い

日本へは明治時代に渡来し、庭木などとして植えられる常緑高木です。葉や果実に芳香があり、香料や薬用にされます。葉はベイリーフともよばれ、料理のスパイスとしてよく知られています。クスノキ（P.53）と同じように、傷つけると特有の香りがします。古代ギリシャでは競技の勝者に、ローマ時代には戦いに勝利した将軍に月桂冠が与えられたといわれます。

 雌雄異株の樹木です。日本では雌株が少なく、挿し木で増やされた雄株が大半です。

クロガネモチ【黒鉄黐】

Ilex rotunda モチノキ科

別名：なし
分布：本州、四国、九州、沖縄
樹高：5〜10m
花期：6月

●葉身は長さ6〜10cm、幅3〜4cm。先端は尖り、全縁

原寸

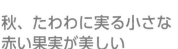

秋に果実が赤く熟し、観賞用として楽しめます

葉腋に薄紫色の花をまとまってつけます

枝を広く伸ばし街の景観づくりに一役かっています

秋、たわわに実る小さな赤い果実が美しい

山野の常緑樹林内に生える常緑小高木・高木で、庭木や公園樹、街路樹としてよく植えられます。樹皮から鳥や虫を捕らえるときに使う鳥もちが採れ、葉柄や若い枝が紫色を帯びることからこの名がつきました。ただ、鳥もちの質はモチノキ（P.90）より劣ります。モチノキに似ていますが、本種は葉がやや大きく、葉柄の色の違いから区別できます。

樹皮は灰白色で滑らかです

不分裂

全縁

互生

「苦労せずに金持ちになれる」という語呂合わせから庭木などによく使われるとか。

サカキ【榊】
Cleyera japonica　サカキ科

別名：なし
分布：本州、四国、九州、沖縄
樹高：10m
花期：6〜7月

●葉は革質。葉身は長さ7〜10cm、幅2〜4cm。葉先はやや尖り、ふつう全縁

原寸

花弁ははじめ白色で、のちに黄色を帯びます

秋に黒紫色の果実をつけます

高木になったものは、うっそうと茂ります

不分裂

全縁

互生

樹皮は暗赤褐色。小さく円い皮目がたくさんあります

玉串や神棚に供えるなど、神道の神事に用いられる木

山地の照葉樹林に生える常緑高木で、材は建築材などに利用されます。神社によく植えられ、枝葉は神前に供える玉串として使われます。関東地方ではサカキが少ないため、多くの場合ヒサカキを神事に使います。11〜12月に、直径7〜8mmほどの黒紫色をした果実が実ります。枝の先端の冬芽は、先は尖ってかぎ状に曲がるのが特徴です。

 葉が一年中茂る「栄え木」、または神域との「境の木」から変化した名前といわれます。

シキミ【樒、梻】

Illicium anisatum マツブサ科

常緑

別名：ハナノキ
分布：本州、四国、九州、沖縄
樹高：2〜5m
花期：3〜4月

●葉は厚い革質。葉身は長さ4〜10cm、幅1.5〜4cm。葉先は急に尖り、全縁

原寸

花は黄白色。花被片が少しよじれます

未熟な果実。9月頃に熟して、種子が出てきます。猛毒なので注意

樹皮は黒みを帯びた灰褐色で、やや平滑

青々と葉をよく茂らせます

仏事にも使われる。有毒植物なので誤食には厳重に注意

山地に生える常緑低木・小高木で、神社仏閣や墓地などによく植えられます。猛毒の有機化合物アニサチンを全体に含み、特に果実の毒性は高く、名前は「悪しき実」から転じたともいわれます。また、四季を通して美しいから「四季美」、実の形から「敷き実」という説などもあります。葉や樹皮からは線香や抹香（粉末状のお香）がつくられます。

くらべる

トウシキミ【唐樒】（果実）

中華料理に使われる八角（スターアニス）は、トウシキミの果実のこと。日本には自生していない。本種とシキミの果実を間違えた死亡事故が起きている。

不分裂

全緑

互生

墓地を動物が荒らすのを防ぐため、有毒な本種が植えられました。

スダジイ【すだ椎】

Castanopsis sieboldii ブナ科

常緑	別名：イタジイ、ナガジイ
	分布：本州、四国、九州
	樹高：20m
	花期：5月下旬〜6月

雄花序は長さ8〜12cm

●葉身は長さ5〜15cm、幅2.5〜4cm。葉先は長く伸びて尖り、縁は全縁または上部に鋸歯がある

原寸

●葉裏は褐色の毛が生え、独特の光沢がある

樹皮は黒褐色。老木では縦に深く裂け目が入ります

幹の直径は1mほどになります

初夏に山の斜面を黄金色で彩り、強い香りを出す

山地に生育し、寺社や庭園などにもよく植えられる常緑高木で、葉裏の金属のような光沢が特徴です。初夏に花が咲くと、強い香りがあたりに広がります。葉は、厚めの革質で、斜めに下がるようにつきます。果実のどんぐりには甘みがあり、生食あるいは炒って食べることができます。樹皮が縦に裂けることが、ツブラジイとの見わけポイントです。

不分裂

全縁

互生

くらべる

ツブラジイ【円椎】（幹）

別名コジイ。老木になっても樹皮が裂けず、葉はやや小さくて薄く、堅果（どんぐり）も小さい。どんぐりは食べられる。

 一般に「シイ、シイノキ」というときは、スダジイとツブラジイのことを指します。

マテバシイ【馬刀葉椎】

Lithocarpus edulis　ブナ科

常緑

別名：マタジイ、サツマジイ
分布：本州、四国、九州、沖縄
樹高：15m
花期：6月

●葉身は厚く、長さ5〜20cm、幅3〜8cm。葉先は尖り、全縁

70%

雌花序の上部には雄花序がつきます

果実（堅果）は2年がかりで熟し、翌年の秋にたくさん実ります

幹の直径は60cmほどになります

ほとんどの緑地公園で見かける、ポピュラーな木

古くから各地に植栽されているため分布が不明ですが、九州や沖縄が本来の自生地と考えられている常緑高木で、日本固有種です。街路樹や公園樹、防風林などに利用され、花はスダジイ（P.86）やクリ（P.158）に似た香りがあります。堅果は大きくタンニンが少なく、生食あるいは炒って食べられます。名前は、果実がマテガイの形に似ているからという説があります。

樹皮は灰白色で、縦に白く細いすじが入ります

不分裂

全縁

互生

種形容語の*edulis*は「食用の」という意味で、牧野富太郎博士の命名です。

トベラ【扉】

Pittosporum tobira トベラ科

常緑

別名：トビラノキ、トビラギ
分布：本州、四国、九州、沖縄
樹高：2〜4m
花期：4〜6月

花は白く直径2cmほど。よい香りがします

葉は互生し、枝先に集まります

不分裂
全緑
互生

樹皮は淡褐色で滑らか。円い皮目があります

● 葉身はかたく革質。長さ5〜10cm、幅1.5〜3.5cm。葉先は円く、全縁。葉の縁が少し裏側に巻き込む

原寸

枝先についた若い果実

魔よけになった葉。においを確かめてみるのも一興

日当たりのよい場所を好み海岸に生える常緑低木・小高木で、庭木や公園樹、防風林などとして植えられます。へら状の葉が枝先に集まってつくので比較的見わけやすく、葉は裏側に反るものが多くあります。枝や葉、根には臭気があります。名前はトビラ（扉）が変化したもので、臭気のある枝葉を魔よけとして大晦日や節分に戸口にさしたことが由来です。

 秋に丸い果実は3片に裂開し、粘液質の物質に包まれた赤橙色の種子が見えます。

ナワシログミ【苗代茱萸】

Elaeagnus pungens グミ科

常緑

別名：なし
分布：本州、四国、九州
樹高：2〜3m
花期：10〜12月

● 葉は革質でかたい。葉身はかたく、長さ5 〜 10cm、幅2.5 〜 3.5cm。葉の縁は波状に縮む

原寸

● 葉裏に、銀色または褐色の星状鱗片を密生する

葉腋に淡黄褐色の花を数個つけます

こんもりと茂ります

つる性の枝を密に出し、こんもり藪のような姿になる

海岸や沿岸地の林縁に生える常緑低木で、庭木や生け垣などとしてよく植えられます。葉は互生で、裏側には褐色の点が散在し、銀色の鱗状毛（りんじょうもう）が密生しそこに褐色の鱗状毛が混じり、薄茶色っぽく見えます。果実は長さ1.5cmの楕円形（だえんけい）で赤く、渋みはありますが食べられます。葉の縁は内側に反り返り、ウェーブがかかったよう独特な形をしています。

樹皮は灰褐色。小さく円い皮目があり、古くなると縦に割れ目が入りはがれます

不分裂

全縁

互生

 名前は、苗代（なわしろ）をつくる初夏に果実が熟すことからつきました。

89

モチノキ【黐の木】

Ilex integra　モチノキ科

別名：なし
分布：本州、四国、九州、沖縄
樹高：6〜10m
花期：4月

常緑

小さな黄緑色の花をつけます

●葉身は長さ4〜7cm、幅2〜3cm。
楕円形で縁は成木では全縁。
幼木では鋭い鋸歯がある

原寸

樹皮は灰白色で
滑らかです

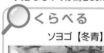

大きなものでは高さ30mになります

くらべる

ソヨゴ【冬青】

同じモチノキ科のソヨゴは、葉の縁
が波打ち、主脈は明るい緑色をし
ている。葉腋から長い柄に小さな
赤い果実が1個つく。

不分裂

全縁

互生

鳥もちを採ることで有名な樹木

海岸に近い山地の常緑樹林内に生える常
緑小高木・高木で、公園樹として植えら
れるほか、古くから庭木や垣根として利
用されてきました。樹皮は鳥もちの原料
として最良とされ、名前の由来にもなっ
ています。つくられた鳥もちは、ハマグ
リなどの貝殻に入れて売られたそうで
す。材は櫛や寄せ木細工に利用します。
果実は11〜12月に赤く熟します。

 寄生したルビーロウムシが原因ですす病が発生し、黒く変色した本種を時々見かけます。

モッコク【木斛】

Ternstroemia gymnanthera　サカキ科

常緑

別名：アカミノキ
分布：本州、四国、九州、沖縄
樹高：10〜15m
花期：6〜7月

●葉身は厚く、長さ4〜6cm、幅1.5〜2.5cm。葉先は尖るが円く、縁は全縁でときに波打つ

原寸

●葉の裏の主脈は隆起している。側脈は不明瞭

芳香がある白色の花を、下向きに咲かせます

楕円状の整った樹形となります

樹形が美しく、庭木としても人気が高い

光沢のある葉と季節ごとに美しい花や果実をつけ、古くより庭木として植えられてきました。海岸近くの日当たりのよい樹林に生える常緑高木です。樹皮はタンニンを含み、茶褐色の染料として利用されます。花は白色で芳香があり、名前は香りのする木のモッコウ（木香）、花の香りがランの一種セッコク（石斛）に似ることからなど、いくつかの説があります。

樹皮は暗灰色〜黒灰色で滑らか。小さなゴマ粒状の皮目があります

不分裂

全縁

互生

沖縄では重要な建築材で、琉球王朝の首里城正殿にも使われていたそうです。

ヤマモモ【山桃】

Morella rubra　ヤマモモ科

常緑

別名：なし
分布：本州、四国、九州、沖縄
樹高：6〜10m
花期：3〜4月

葉腋に穂状の花をつけます

葉は互生し、枝先に集まります

不分裂

全緑

互生

●葉身は長さ5〜10cm、幅1.5〜3cm。葉先はやや尖り、縁は全縁、あるいはまばらに小さな鋸歯がある

原寸

果実は紅色〜暗赤色。6月頃に熟します

高知県の県の花、県内各地で並木に植えられている

照葉樹林に多く、庭木や公園樹としてもよく植えられている常緑小高木・高木です。雌雄異株で、雌の木には果実をつけます。無毛の葉は全縁で、枝先に集まってつきます。鋸歯がまばらにある葉とない葉があり、特に若木に鋸歯があります。果実は甘酸っぱく、生食のほかジャムや果実酒などに利用します。徳島県、高知県が産地として知られています。

　樹皮にはタンニンが含まれ、漁網などの染料に利用されます。

樹皮は灰白色。若い枝では赤色を帯びます

ユズリハ【譲葉】

Daphniphyllum macropodum　ユズリハ科

別名：なし
分布：本州、四国、九州、沖縄
樹高：10m
花期：4〜5月

● 葉身は長さ8 〜 20cm、幅3 〜 7cm。革質。葉先は短く尖り、全縁

● 側脈は16 〜 19対

40%

● 葉裏は白色を帯びる

花は地味で目立ちません

樹皮は灰褐色。縦にすじが入り、楕円形の皮目があります

古い葉は垂れ下がってきます

縁起がよい樹木だが、有毒植物なので注意が必要

庭木や公園樹としてよく植えられる常緑高木です。葉は枝先に集まってつき、古くなると垂れてきます。葉の表は光沢があり、裏は白色で葉柄が赤いものが多く、これらの特徴から見わけやすい樹木のひとつです。春先に新葉が出ると、前年の葉が垂れ下がって場所を譲るように見えることから「譲葉」と名づけられました。葉や樹皮、果実に有毒物質を含みます。

🔍 くらべる

ヒメユズリハ【姫譲葉】

福島県以西〜沖縄にかけて分布。葉はユズリハに比べて小さく（長さ6 〜 12cm）、裏面は緑白色、側脈の数は8〜10対。果序は垂れ下がらない。

不分裂

全縁

互生

 親から子へ家督を譲り代々栄えていく様子にたとえた縁起物として、正月飾りに使います。

イボタノキ【水蠟の木】
Ligustrum obtusifolium モクセイ科

別名：なし
分布：北海道、本州、四国、九州
樹高：2〜4m
花期：5〜6月

枝先の花序に小さい白色の花を多数つけます

●葉の質は薄い。葉身は長さ2〜7cm、幅0.7〜2cm。葉先は円みを帯びてあまり尖らず、全縁

原寸

枝についたイボタ蠟の様子

樹皮は灰白色〜灰褐色。円い皮目があります

こんもりと茂り、花期には白い花で覆われます

くらべる

オオバイボタ【大葉水蠟】

半常緑で海岸近くに生える低木。イボタノキやミヤマイボタより葉が大きく、本州・四国・九州に分布する。

不分裂
全縁
対生

「イボタ蠟」がついた白い枝に出合うとうれしくなる

山野や平地の林縁によく見られる落葉低木・小低木で、生け垣としてよく植えられます。かつては、樹皮につくイボタロウムシが分泌する白いロウ状物質「イボタ蠟」を、止血や強壮など薬用として、あるいは家具のつや出しなどに用いました。長い楕円形で先があまり尖らない葉が特徴です。本種より標高の高い所に生えるミヤマイボタは、葉先が尖ります。

名前は、この木につくイボタ蠟がイボを取るのに効果があることからといわれます。

ウグイスカグラ【鶯神楽】

Lonicera gracilipes var. *glabra*　スイカズラ科

別名：なし
分布：本州、四国
樹高：2m
花期：3～5月

●葉身は長さ3 ～ 6cm、幅2 ～ 4cm。葉先は尖り、縁は全縁でふつう無毛

原寸

果実は楕円形。6月頃に熟します

淡紅色の花を下向きにつけます。苞が目立ちます

植物全体は無毛です

春、ほかの木々の葉が展開する前にあたりを彩る

山野の日当たりのよい場所にふつうに生え、春に淡い紅色の花をつけます。日本固有の落葉低木で、庭木としても植えられます。赤く熟した果実は甘く、生で食べることができます。名前の由来は、小枝が細かく分かれウグイスが隠れるのによい場所、あるいは「狩り座」（ウグイスなどの小鳥を捕らえる場所）がなまって「カクラ→カグラ」となった、など諸説あります。

樹皮は灰褐色。縦に割れ目があり、はがれ落ちます

不分裂
全縁
対生

仲間に、枝などに毛があるヤマウグイスカグラ、腺毛が混じるミヤマウグイスカグラがあります。

ザクロ【石榴、柘榴】
Punica granatum ミソハギ科

別名：なし
分布：西南アジア原産、各地に植栽
樹高：5〜6m
花期：6月

●葉身は長さ2〜5cm、幅1〜2cm。長楕円形で全縁、無毛。表面に光沢がある

原寸

花は朱赤色。花弁は6枚、薄くてしわがあります

果実は、秋に熟すと不規則に割れて、ルビー色の種子がのぞきます

短枝の先はとげになります

不分裂

全縁

対生

樹皮は褐色。不規則にはがれます

果実はおいしいが、口に含んだ種を出すのが大変

古くから食用、薬用として利用され、宗教や芸術の世界によく登場する落葉小高木です。日本には平安時代に入ったといわれ、観賞用として庭木や鉢植えにされます。花は朱赤色、果実は不規則に裂け、種子周りは甘酸っぱく生で食べられます。食用のミザクロと、花を観賞するハナザクロがあり、八重咲き、一重咲きなどの品種があります。

ザクロの果実は、古くは銅鏡を磨くためにも用いられました。

サンシュユ【山茱萸】

Cornus officinalis ミズキ科

別名：ハルコガネバナ、アキサンゴ
分布：中国・朝鮮半島原産、各地に植栽
樹高：3〜5m
花期：3〜4月

●葉身は長さ4〜12cm、幅2〜7cm。葉先は尾状に尖り、全縁

原寸

花は葉が出る前に咲きます

●葉裏の葉脈の付け根に濃褐色の毛がある

秋、果実は赤く熟します

葉は対生し、枝先に集まります

樹皮は灰黒褐色。薄く不規則にはがれます

不分裂

全縁

対生

春、斜め上に伸びた枝は花で包まれ真っ黄色

小さな黄色い花がよく目につく落葉小高木で、庭木や植物園、公園樹として植えられています。日本には江戸時代に渡来し、薬用植物として栽培されました。果実は滋養、強壮に効用があるとされます。名前は中国名「山茱萸」の音読みで、別名のハルコガネバナ（春黄金花）は植物学者の牧野富太郎が名づけたもの、アキサンゴ（秋珊瑚）は果実の色に由来します。

 日本では、幕府御薬園（現小石川植物園）に最初に播種されて広まったといわれます。

ハナミズキ【花水木】
Cornus florida　ミズキ科

別名：	アメリカヤマボウシ
分布：	北アメリカ原産、各地に植栽
樹高：	5〜15m
花期：	4〜5月

●葉身は長さが8〜15cm、幅4〜6cm。葉先は短く尖り、縁は全縁でわずかに波打つ。表側全面に毛が散生する

花弁に見えるのは総苞片。先端がへこみます

90%

●葉裏は粉白色で、脈上に毛がある

葉は対生し、枝先に集まります

不分裂

全縁

対生

樹皮は灰黒色。長方形の深い割れ目があります

宙に浮かぶように華やかに咲く。明るい気持ちにさせる花

北アメリカ原産の落葉小高木・高木です。1912（大正元）年、当時の東京市長がアメリカのワシントンにサクラの苗木を贈った返礼として1915年に贈られたのが、日本での植栽の始まりです。春の花と秋の紅葉が美しく、庭木や公園樹、庭園樹などとして植えられ、多くの栽培品種があります。花のように見えるのは苞葉で、中心に25個前後の小さな花があります。

 英名はドッグウッド。樹皮の煮汁で犬を洗うと皮膚病が治るそうです。

ヤマボウシ【山法師】

Cornus kousa subsp. *kousa*　ミズキ科

別名：ヤマグワ
分布：本州、四国、九州
樹高：3～10m
花期：5～7月

●葉身は長さ4～12cm、幅2～7cm。葉先は尾状に尖り、全縁

80%

●葉裏側脈の付け根に黒褐色の毛がある

果実は秋に熟します

20～30個の花が密集します

葉は対生し、枝先に集まってつきます

花が似ているが、ハナミズキより遅れて咲き出す

山地の林内や草原などに生える落葉小高木・高木で、街路樹や庭木などとして植えられます。花の中心の丸い部分が僧兵の頭、白色の総苞片（そうほうへん）が頭巾（ずきん）に見えることからこの名がつきました。花は総苞片の中心に密集してつきます。ハナミズキ(P.98)と似ていますが、本種は花弁（かべん）のように見える総苞片が尖っています。果実は甘く食用となるため、ヤマグワともよばれます。

樹皮は暗赤褐色。老木では不規則にはがれてまだら模様となります

不分裂

全縁

対生

神奈川県箱根町はヤマボウシの名所として知られています。

ヒトツバタゴ [一つ葉たご]

Chionanthus retusus モクセイ科

落葉

別名：ナンジャモンジャ
分布：本州、九州
樹高：30m
花期：5月

花序の長さは7〜12cm

幹の直径は70cmほどになります

樹皮は灰褐色。コルク層が発達します

原寸

●葉身は長さ4〜10cm、幅1.5〜3.5cm。縁は全縁で、若木では鋸歯がある

不分裂

全縁

対生

花期の花が木を白く覆う姿は、見応えあり

丘陵に生える落葉高木で、絶滅危惧種です。公園樹などとして植えられ、中国では若葉を茶の代用にします。雌雄異株で、枝先に白色の細長い花を多数つけます。名前は、同じモクセイ科で複葉であるトネリコ（別名タゴ）に似て、単葉であることからつきました。別名のナンジャモンジャは名前不明の植物の呼称。こう呼ばれる種はいくつかあります。

属名の*Chionanthus*の意味は「雪の花」。花の咲く姿を見事に描写しています。

クチナシ【梔子】

Gardenia jasminoides　アカネ科

別名：なし
分布：本州、四国、九州、沖縄
樹高：1〜2m
花期：6〜7月

常緑

●葉は革質。葉身は長さ5〜12cm、幅2.5〜5cm。葉先は尖り、縁は全縁

80%

枝先に白色の花を1個ずつつけます

実の先端に残る萼片は、トマトのヘタに似ています

高さは2mほどになり、よく枝分かれします

清楚な花のあとに黄色く熟す果実は、どこか動物的

芳香のある白色の美しい花で知られる常緑低木です。丘陵や山地の林縁などに生え、庭木や公園樹として植えられます。果実は黄色の染料に用いられ、無毒であるため食品の着色にも使われます。また、生薬として日本薬局方にも登録されています。栽培品をクチナシ、野生品をコリンクチナシと区別することがあります。小型の栽培品をコクチナシといいます。

樹皮は灰褐色をしています

不分裂

全縁

対生

熟しても果実が裂けず、口がない実という意味で「口なし」の名がついたといわれます。

ツゲ【黄楊、柘植】

Buxus microphylla var. *japonica*　ツゲ科

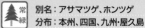
常緑

別名：アサマツゲ、ホンツゲ
分布：本州、四国、九州・屋久島
樹高：2〜3m
花期：3〜4月

雄しべは花の外に長く突き出ます

●葉は、やや裏側に反る

70%

原寸

●葉身は厚く、長さ1〜3cm、幅7〜15mm。先は小さくへこみ、全縁。表は黄緑色で光沢がある

大きなものでは高さ4mになります

不分裂

全緑

対生

灰白色〜淡褐色。老木では不規則な割れ目が入ります

時間をかけて生長し、緻密かつ重厚で、高品質な材になる

黄色を帯びた材はかたく、細工しやすいので櫛、印鑑、将棋の駒など伝統細工に用いられることで知られています。山地の石灰岩地や蛇紋岩地に多く見られる常緑低木で、庭木や生け垣として植えられます。植栽されているものは、栽培品種のヒメツゲといいます。葉が全縁で対生することから、よく似たイヌツゲ（P.201）と区別できます。

 福岡県の古処山にはツゲの純林があり、特別天然記念物に指定されています。

テイカカズラ【定家葛】

Trachelospermum asiaticum　キョウチクトウ科

別名：マサキノカズラ
分布：本州、四国、九州
樹高：10m（つるの長さ）
花期：5〜6月

●成木の葉は革質。葉身は長さ3〜7cm、幅1.2〜2.5cm。葉先は尖り、鈍端。全縁、地上をはう若木には浅い波状鋸歯がある

原寸

地をはう幼木の葉は、脈に沿って白っぽいまだらがあります

枝先や葉腋に花序を出し、白い花をつけます

ほかの木に絡みついて茂ります

地をはう幼木の葉には白いまだら、木に登る成葉にはない

よい香りのする愛らしく白い花をつける常緑つる性木本です。常緑樹林内の林縁あるいは岩場に生育し、園芸ではフェンスにはわせたり盆栽などに用います。枝を切ったときに出る白い液体に触れると、かぶれることがあります。名は、鎌倉時代の歌人藤原定家の恋慕の情がかずらとなって想い人の墓に絡みついた、という謡曲の物語に由来するそうです。

樹皮は淡褐色〜褐色。毛が密生します

不分裂

全縁

対生

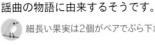

細長い果実は2個がペアでぶら下がり、長い白毛を持った種子が風で飛んでいきます。

ロウバイ【蠟梅】

Chimonanthus praecox　ロウバイ科

別名：カラウメ
分布：中国原産、各地に植栽
樹高：2〜5m
花期：1〜2月

● 葉身は長さ7〜15cm、幅4〜6cm、卵形で先は尖る

原寸

内側の花被片は暗褐色、外側の花被片は黄色

幹は叢生して分岐します

淡灰褐色で、小さな皮目があります

不分裂

全縁

対生

長さ3cmほどの実の中に、長卵形の果実が数個入っています

冬空に黄色の花が、もうすぐ春だと知らせてくれる

中国原産の落葉低木・小高木で、江戸時代初期に朝鮮半島経由で日本に渡来しました。公園、庭園などに観賞用として植栽されます。まだほかの花が見られない早春に、葉が出る前の枝に黄色い花を多数つけて咲く様子から人気があります。果実は、花床（かしょう）が多くなって偽果（ぎか）となり、中にゴキブリの卵にそっくりな紫褐色の痩果（そうか）が入っています。

内花被も黄色のものをソシンロウバイといい、最近のほうが多く植栽されます。

ネズミモチ【鼠黐】

Ligustrum japonicum モクセイ科

別名：タマツバキ
分布：本州、四国、九州、沖縄
樹高：5m
花期：6月

● 葉の質はかたく、革質。葉身は長さ4〜8cm、幅2〜5cm。葉の先は尖り、全縁。両面に毛はない

小さな白色の花。花糸が目立ちます

細長い楕円状の果実。晩秋に黒く熟します

樹皮は灰褐色で多くの枝を出します

よく枝分かれしていて、葉が密生しています

果実は黒っぽく
ネズミの糞にそっくり

黒っぽく小さい果実がネズミの糞のように見え、葉がモチノキ（P.90）に似ているためこの名がつきました。暖地の山地に生育する常緑小高木で、生け垣や庭木、公園樹などとして植えられます。モチノキの葉は互生ですが、本種は対生する点で区別できます。葉には丸みがあり、ツバキに似て厚く光沢があることからタマツバキという別名もあります。

くらべる
トウネズミモチ【唐鼠黐】

常緑樹小高木。ネズミモチより葉が大きく、葉の先端が細長く尖り、付け根の近くが膨らむ。葉を光にかざすと脈が透けて見える。

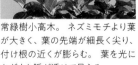
不分裂　全縁　対生

 大気汚染に強いので、高速道路の分離帯などに植えられています。

アブラチャン【油瀝青】

Lindera praecox クスノキ科

別名：ムラダチ、ズサ、ヂシャ
分布：本州、四国、九州
樹高：5m
花期：3〜4月

花被片は透明感のある淡黄色

樹形は球形〜扁球形

不分裂

全縁

互生

樹皮は灰褐色で、円形の小さな皮目がたくさんあります

●葉身は長さ5 〜 8cm、幅2 〜 4cm。葉先は急に尖り、全縁。両面とも無毛

原寸

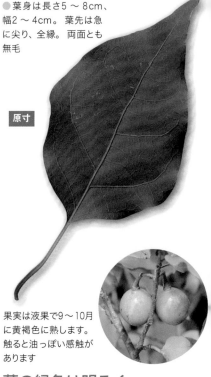

果実は液果で9〜10月に黄褐色に熟します。触ると油っぽい感触があります

葉の緑色は明るく、秋の黄葉は鮮やか

山地の中腹や山裾の落葉広葉樹林に自生する落葉小高木です。名前のチャンは瀝青のことで、樹木全体に油分が多いことを指した名前です。生木でもよく燃えるため、材は薪炭にし、種子や樹皮から採った油が灯火に使われました。雌雄異株で、葉の展開に先立って前年枝に腋生する芽に花を3〜5個ずつつけます。樹皮が黒っぽく、何本も株立ちするのが特徴です。

 同じクスノキ科のダンコウバイ（P.19）と花が似ていますが、本種には花柄があります。

オガタマノキ [招霊の木、小賀玉木]

Michelia compressa　モクレン科

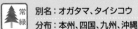

別名：オガタマ、タイシコウ
分布：本州、四国、九州、沖縄
樹高：15m
花期：2〜4月

●葉は革質。葉身は長さ5〜12cm、幅2〜5cm。葉先は尖り、全縁。若い葉の裏側には毛がある

原寸

花の基部は紫紅色を帯びます

樹皮は暗褐色です

幹の直径は80cmほどになります

神聖な木とされる、小さなモクレン科の花

暖地の沿岸林に多く自生し、庭園、公園などに植えられる常緑高木です。神事に用いられたことから、神社の境内によく植えられています。材は、床柱などや家具材として使われることもあります。春になると、帯黄白色の花を葉腋に1個ずつつけます。花は直径3cmほどで、強い芳香があります。自生するモクレンの仲間の中で、本種だけが常緑樹です。

くらべる

カラタネオガタマ【唐種招霊】

別名トウオガタマ。江戸時代に渡来し、神社や公園などに植栽されている。花はオガタマノキより小型で花被片が赤く縁取られており、バナナのような甘い香りがある。

不分裂
全緑
互生

 神事に用いることから、「招霊（おきたま）＝神霊を招くこと」が名前の由来といわれます。

サルトリイバラ【猿捕茨】

Smilax china　サルトリイバラ科

別名：ガンダチイバラ、カカラ
分布：北海道、本州、四国、九州
樹高：0.7〜2m（つるの長さ）
花期：4〜5月

淡黄緑色の花が集まって咲きます

●葉身は円形ないし楕円形で、長さ3 〜 12cm、幅2 〜 7cm。全縁で、両面とも無毛

60%

10〜11月に、赤い実が熟します

とげと巻きひげでほかに絡みついてはい登ります

不分裂

全緑

互生

茎は緑色。かたいとげが散生します。とげがないものもあり、トゲナシサルトリイバラ（トキワサルトリイバラ）といいます

つるを絡み合わせて、こんもりと茂る

山野の林内や林縁、草原などに自生する落葉つる性木本です。枝にはかぎ状のとげが散生し、葉柄には托葉が変化した長い巻きひげがあります。雌雄異株で、葉の展開と同時に花序を出し多数の花をつけます。根茎を干したものを漢方では山帰来とよび、薬用にされます。つるを花材にするほか、関西地方以西では葉を団子を包むときに利用します。

  このつるのとげに引っかかったら、猿でも捕らえられてしまうということからついた名。

スイカズラ【吸葛】

Lonicera japonica　スイカズラ科

常緑

別名：ニンドウ、キンギンカ
分布：北海道、本州、四国、九州、沖縄
樹高：0.5〜2m（つるの長さ）
花期：5〜6月

●葉身は長さ2.5 〜 8cm、 幅0.7 〜 4cm。
葉先は円頭またはやや鋭頭で全縁。両面の
脈上に毛がある

原寸

花筒の先が上下2つに大きく分かれます

繁殖力が旺盛で、よく分枝して茂ります

枝先にツインでつく花は
可愛らしい

山野の林縁や道ばたにふつうに生える常
緑つる性木本です。葉を乾燥させたもの
を忍冬とよび、薬用になります。忍冬茶
には、利尿作用があります。枝先の葉腋
に甘い香りのある花を2個ずつつけます。
咲きはじめの花は白色またはわずかに紅
色を帯び、しだいに黄色に変化します。
この様子が、別名キンギンカ（金銀花）
の由来になっています。

樹皮は灰褐色です

不分裂

全縁

対生

 昔、子どもの遊びで花筒の奥にある甘い蜜を吸ったことが名前の由来といわれます。

タイサンボク【泰山(大山)木】

Magnolia grandiflora　モクレン科

常緑

別名：ハクレンボク
分布：北アメリカ原産、各地に植栽
樹高：20m
花期：6月

花は直径15〜25cmと大きく、芳香があります

●葉身は厚い革質で、長さ10〜25cm、幅4〜10cm。葉先は鈍く尖り、縁は全縁で裏側に反り返る

50%

●葉裏には褐色の毛が密生し、鉄がさびたような色をしている

幹はまっすぐに高く伸びます

不分裂

全縁

互生

樹皮は暗褐色で滑らかです

中国産のような名前だが、北アメリカ原産の木

日本には明治初期に渡来し、公園樹、街路樹、庭木などとして植えられる常緑高木です。枝先に芳香のある白い花を上向きにつけ、秋に実る果実は、袋果が集まった集合果です。和名の「泰山木」は、花や葉が大きくて立派な様子を中国山東省の名山「泰山」にたとえた、花を大きな盞(たいか)に見立てて「大盞木」とよびそれが転訛した、などという説があります。

アメリカなどでマグノリアの香水として売られているのは、本種の香りを人工合成したもの。

ナツグミ【夏茱萸】

Elaeagnus multiflora var. *multiflora*　グミ科

別名：なし
分布：本州
樹高：2～4m
花期：4～5月

●葉身は長さ2.5～8cm、幅0.7～4cm。葉先は円頭またはやや鋭頭で全縁。両面の脈上に毛がある

原寸

花は淡黄色でよい香りがあります

葉や枝が茂り、まとまった樹形にはなりません

果実は赤く広楕円形。表面にたくさんの鱗片が見えます

4～5月に花が咲き、1か月後には早くも実をつける

沿海地～丘陵の道ばたや雑木林などに自生する落葉低木・小高木で、日本固有種です。果樹として庭先などに植えられます。葉裏に銀色の鱗状毛（りんじょうもう）が密生し白っぽく見えます。外面が毛に覆われた花を葉腋（ようえき）に1～2個下垂してつけます。5～7月に紅色に熟す果実は甘酸っぱく、食用のほか果実酒にします。おいしい果実は野鳥たちの好物でもあり、すぐに食べられてしまいます。

樹皮は老木では黒褐色。縦に細長く不規則にはがれます

不分裂

全縁

互生

 和名は、果実が夏（初夏）に熟すグミということから。

イタビカズラ【崖石榴】

Ficus sarmentosa subsp. *nipponica*　クワ科

別名：なし
分布：本州、四国、九州、沖縄
樹高：2〜5m（つるの長さ）
花期：6〜7月

常緑

球形のものが花嚢。葉腋または葉痕につきます

●葉は革質で厚く、長楕円状披針形。葉身は長さ6〜13cm、幅2〜4cm。全縁で、側脈は5〜8対、主脈から50〜60度で分かれる

原寸

● 葉の先が伸びて尖るのですぐわかる

果嚢は直径1cm、黒褐色に熟します

樹皮は黒褐色をしています

つる状の気根を出して岩などに張りつきます

くらべる

ヒメイタビ【姫崖石榴】

よく似たヒメイタビは、葉の先が尾状に伸びず、葉柄に褐色の開出毛がある。ほかに、葉先が伸びず、側脈が主脈に対し30〜40度で分岐するオオイタビもある。

不分裂

全縁

互生

葉の落ちた冬の風景の中、こんもりとした緑が目につく

暖地の林内や林縁などに生える常緑つる性木本で、雌雄異株です。木の崖、岩や幹に絡まってよじ登ります。花序は軸が袋状になっており、内側に花を囲むイチジク状をしています。これを花嚢といいます。イヌビワ（P.59）と同様、コバチによって花粉が運ばれます。茎や葉を切ると出てくる乳液には、傷口を閉じて微生物の侵入を防ぐ役目があるとされています。

　イヌビワ（イタビ）に似ていてつる性なので、イタビカズラの名がつきました。

イワナシ【岩梨】

Epigaea asiatica　ツツジ科

別名：なし
分布：北海道、本州
樹高：10〜20cm
花期：5〜6月

●葉はやや革質。葉身は長さ4〜10cm、幅2〜4cm。長楕円形で先は尖り、縁には褐色の毛がある

原寸

果実の外観はナシに似ていません

花は淡紅色。花冠の縁は5裂します

地面に伏せるように生えています

小さな常緑樹。葉の間から愛らしいピンク色の花がのぞく

山地の林縁の岩場などに生える常緑の小低木で、地面にへばりつくように広がります。全体に褐色の毛が生えており、長楕円形をした葉は少しかたく、独特な形をしているので花がない時期でもすぐに見わけられます。枝の先に総状花序を出し、直径1〜1.5cmほどの小さな鐘形の花を数個つけます。果実は液果で、直径約1cmの球形で果実酒に利用します。

茎は褐色で毛があります

不分裂

全縁

互生

 名前は、果肉の味がナシに似ていて、岩場に生えることからつきました。

イスノキ【柞】

Distylium racemosum　マンサク科

常緑

別名：ヒョンノキ
分布：本州、四国、九州、沖縄
樹高：8〜10m
花期：4〜5月

花弁はなく、赤い雄しべの葯（やく）が目立ちます

●葉は革質。葉身は長さ4〜9cm、幅2〜3.5cm。葉の先端は鈍く、全縁

原寸

樹皮は暗灰色で、老木は鱗状にはがれます

円筒形の樹形となります

不分裂
全縁
互生

📖 フィールドノート

アブラムシの寄生により、葉の一部が大きく膨らんだ虫こぶがしばしばできる。この虫こぶにはタンニンが含まれ、染料に利用される。

葉や枝に虫こぶがつくので、ほかの樹木との区別は簡単

常緑樹林内に生える常緑高木で、公園樹や庭木として植えられます。雌雄同株で、花は赤く、円錐花序の上部に両性花、下部に雄花をつけます。虫こぶが葉や枝によくできるので、それを見つければすぐこの木だとわかります。イスノキは琉球の方言ともいわれますが、名前の由来は不明です。材は、建築材やそろばんの玉などに使われます。

🐦 別名のヒョンノキは、虫がいなくなった虫こぶの穴を吹くとヒョウと鳴ることからです。

ハシドイ【丁香花】

Syringa reticulata モクセイ科

別名：キンツクバネウツギ
分布：北海道、本州、四国、九州
樹高：6〜7m
花期：6〜7月

●葉身は長さ6 〜 10cm、幅5 〜 6cm。広卵形で先は尖り、縁は全縁

原寸

花冠は漏斗形。突き出た雄しべが目立ちます

葉は対生。互生のサクラと簡単に区別できます

こんもりした樹形

北海道でよく植えられているリラとは仲間の木

山地に生える落葉小高木で、庭木、公園樹、街路樹などとして植栽されています。リラ（ライラック）の名で親しまれているヨーロッパ原産のムラサキハシドイも、本種と同じ仲間です。円錐花序に香りのよい小さな白色の花をたくさんつけ、枝先の花穂に花が集まって咲くことから「ハシツドイ」と呼ばれ、転訛して「ハシドイ」となったといわれています。

樹皮は灰白色。樹皮には皮目があって、一見するとサクラの樹皮と間違えそうです

不分裂

鋸歯縁

対生

 材は耐久性があり、ろくろ細工や柱、器具材に利用されます。

ボロボロノキ【幌々の木】

Schoepfia jasminodora　ボロボロノキ科

別名：なし
分布：九州、沖縄
樹高：4〜6m
花期：4月

花は緑色を帯びた白色。花被片は反り返ります

屈曲が多くまとまりのない姿をしています

●葉は卵形または長卵形で、やわらかく革質でやや厚い。葉身は長さ3〜8cm、幅2〜4cm。全縁

原寸

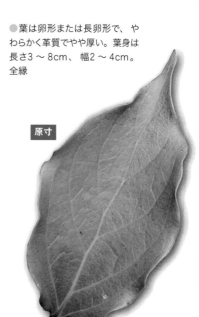

不分裂

全縁

互生

樹皮は灰白色です

ボロボロと枝が折れやすいことから名づけられた

常緑樹林内に生える落葉小高木です。若枝は紫色を帯びますが、2年目になると灰白色となり、皮目がこぶ状につきます。幹はややジグザグして伸びます。花は葉腋から穂状花序を出し、広筒形の花を3〜4個つけます。花被は4〜5裂して上部で反り返り、緑色を帯びます。花柱は花被より長く飛び出し、芳香があります。果実は、6月頃に赤色から黒色に熟します。

 枝がもろくボロボロと折れるのでこの名があり、材はやわらかくて利用されません。

ヤドリギ【宿り木】

 常緑

Viscum album subsp. *coloratum*　ビャクダン科

別名：ホヤ、トビヅタ
分布：北海道、本州、四国、九州
樹高：30〜80cm
花期：2〜3月

● 葉は革質で厚く、へら形。少しねじれかげんにつく。葉身は長さ2〜8cm、幅0.5〜1cm。全縁

原寸

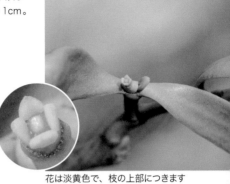

花は淡黄色で、枝の上部につきます

果実は球形で、淡黄色に熟します

樹皮は緑色で、節間は5〜10cm

樹形は円形の塊となります

葉の落ちた冬、こんもりとした塊が目に入る

ケヤキやエノキなどの落葉樹に寄生する、雌雄異株で半寄生の常緑低木です。枝は二叉分枝を繰り返し、こんもりした形になります。果実は球形の液果で、鳥が飲み込むのにちょうどよい大きさをしており、鳥に食べられ運ばれます。なかでも、ヒレンジャクが好んで食べます。発芽しても生長は遅く、ふつうの葉ができるまでに5年もかかるといわれます。

📖 フィールドノート

果実には半透明の粘汁があり、鳥に食べられたのち、糞に混じって粘液質の果肉に包まれた種子が排出される。 この果実の粘りけで、樹木の枝や幹につき芽生える。

不分裂

全縁

対生

 北欧では神聖化され、キリスト教国ではなくてはならない木。クリスマスリースに使われます。

117

キョウチクトウ【夾竹桃】

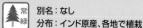

Nerium oleander var. *indicum*　キョウチクトウ科

常緑

別名：なし
分布：インド原産、各地で植栽
樹高：5m
花期：4〜5月

●葉身は長さ6 〜 20cm、幅1 〜 2cm。狭長楕円形、縁は全縁。厚い革質で、ふつう3枚が輪生する

原寸

花色は赤・黄・ピンクなど。花冠は筒状の鐘形

まれに見られる果実。種子には長い冠毛があります

根元から枝分かれし、株立ち状となります

不分裂

全縁

束生・輪生

樹皮は灰褐色です

キョウチクトウが咲き出すと夏の訪れを感じる

インド原産の常緑小高木で、各地の公園や道路脇、庭園に植えられています。日本には江戸時代中期に渡来したといわれます。花の構造が特殊で、受粉を媒介する虫がいない日本での増殖はほとんど挿し木で行われています。有毒で、この木を箸代わりや爪楊枝、焼き串などに使っての中毒が報告されています。子どもがこの花で遊んで中毒したという話もあります。

 名前は、漢名「夾竹桃」の日本語読み。タケのような葉で、モモに似た花を咲かせるという意味。

ジンチョウゲ【沈丁花】

Daphne odora ジンチョウゲ科

常緑

別名：なし
分布：中国中南部原産、各地に植栽
樹高：1～2m
花期：2～4月

●葉身は長さ4～9cm、幅1.5～3cm。厚く、楕円形で縁は全縁

原寸

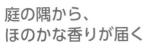
樹皮は暗紫褐色で、密に枝が出ます

花冠の外面は紅紫色、内面は白色。直径約8mm

半球状の樹形になります

庭の隅から、ほのかな香りが届く

中国原産の常緑低木で、室町時代中期以降に日本に渡来し、各地で観賞用に植栽されています。香りのよい花が、枝先に20個ほどかたまってつきます。雌雄異株で日本には雄株だけが植栽されているといわれますが、まれに結実する株があります。名前は、花の香りをジンチョウゲ科のジンコウ（沈香）とフトモモ科のチョウジ（丁子）の香りにたとえたもの。

くらべる
コショウノキ【胡椒の木】

関東以南の暖地に生える高さ約1mの常緑小低木。1～4月に白色の花が咲き、初夏に長さ1cmほどの橙赤色の液果をつける。果実はかむと辛く、名前の所以である。

不分裂
全縁
互生

学名の種形容語 *odora* は「芳香のある」という意味です。

ナンキンハゼ【南京櫨（黄櫨）】

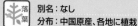

Triadica sebifera トウダイグサ科

別名：なし
分布：中国原産、各地に植栽
樹高：15m
花期：7月

花は黄色。花序の上部に雄花、基部に雌花がつきます

●葉身は菱状卵形で、 長さ3.5 〜 8cm、幅3.5 〜 7cm。葉先は尖り、全縁。裏は淡緑白色

原寸

種子は広卵形で、白色のロウ質の仮種皮で包まれています

幹は直径35cmほどになります

不分裂

全縁

互生

樹皮は灰褐色で、縦に不規則に割れます

晩秋の青空の下、 白い実が紅葉に映え思わず立ち止まる

中国原産の雌雄同株（しゆうどうしゅ）の落葉高木で、各地の公園や街路樹、庭木などに利用されています。葉身の基部（きぶ）に目立つ 2 個の腺（せん）があります。種形容語の *sebifera* は、「脂肪のある」という意味です。果実が実る頃、ヤマガラやコゲラなど野鳥たちが集まります。種子からは油脂を採り、せっけんやロウソクなどに使い、根を乾燥したものを漢方では利尿剤として使います。

 名前は、中国原産で果実からロウを採ったことからつきました。

ハナズオウ【花蘇芳】

Cercis chinensis　マメ科

落葉

別名：なし
分布：中国原産、各地で植栽
樹高：2～4m
花期：4～5月

●葉身は長さ5 ～ 10cm、幅4～10cm。広楕円形、縁は全縁。表には光沢がある

原寸

果実は扁平な豆果

花は長さ約1cm。蝶形花に似ています

樹形はブッシュ状に茂ります

樹皮は灰褐色です

濃いピンク色の花が枝にびっしりつき、桃の花のよう

中国原産の落葉低木・小高木で、江戸時代に渡来し、古くから庭などに植えられ、現在では各地の公園に植えられています。葉の展開前の枝に、紅紫色の花をびっしりと束生します。蝶形のような花ですが、マメ亜科とは違い旗弁が翼弁の内側にあります。また、花糸は10本あり、すべて離れています。豆果は扁平で、長さ4～8cmのさやの中に2～5個の種子があります。

不分裂

全縁

互生

 名前は、花の色がスオウの木の染汁で染める赤色（蘇芳染め）に似ていることから。

ビヨウヤナギ【未央(美容)柳】

Hypericum monogynum　オトギリソウ科

常緑

別名：なし
分布：中国原産、庭園などに植栽
樹高：0.3～1.5m
花期：5～8月

花は鮮黄色で、今年枝の先につきます

盛んに枝分かれして灌木状となります

不分裂
全縁
対生

主幹は黄褐色。枝は赤みを帯びます

●倒披針形～長楕円形で、葉身は長さ2～11cm、幅1～4cm。全縁

原寸

果実は広卵形で蒴果

黄色の花から飛び出している雄しべが目立つ

中国原産の常緑低木で、公園、庭園や人家で観賞用として植栽されています。各地で、帰化している姿を見ることもあります。葉は対生で葉柄がなく、質は薄くて葉を透かして見ると、明るい細かい油点（明点）が多数あるのがわかります。花は直径3～9cmで、花弁は5枚あります。雄しべは25～40本あり、花弁とほぼ同じ長さでよく目立ちます。

未央宮に住んでいた楊貴妃の美しさを、この植物で称えた故事が名の由来といわれます。

オニシバリ【鬼縛り】

Daphne pseudomezereum　ジンチョウゲ科

別名：ナツボウズ
分布：本州、四国、九州
樹高：0.5〜1.5m
花期：12〜4月

落葉

● 葉身は長楕円形で、長さ5〜13cm、幅1〜3cm。全縁で短い葉柄がある

原寸

花は淡黄色で、紅紫色を帯びます

果実は液果で楕円形、赤色に熟します。辛く有毒なので注意が必要

樹皮は灰褐色で、全体が無毛です

幹はまっすぐ立ち、分岐します。葉は互生で、枝先では束生です

夏になると葉が落ちる不思議な木。年末頃から花が咲く

落葉樹林の林内や林縁に生える落葉低木で、雌雄異株です。ほかの木々が茂っている7〜8月に落葉し、別名のナツボウズはこの様子からついた名前です。8〜9月に花の芽とともに新しい葉が出てきます。花は黄緑色で、2〜10個ほど葉腋に集まってつきます。花のように見えるのは花弁ではなく、萼筒が4裂したものです。

🔍 **くらべる**

ミツマタ【三叉、三椏】

中国原産で室町時代に渡来。観賞用のほか、和紙の原料を採るために栽培される。雌雄異株で、萼が花弁状となる。今年枝は必ず三つ又になる。

不分裂

全縁

互生

 樹皮が丈夫で鬼を縛ることができる、ということからこの名がつきました。

ナギ【梛】

Nageia nagi マキ科

常緑

別名：なし
分布：本州、四国、九州、沖縄
樹高：20m
花期：5〜6月

雌雄異株。円柱状の雄花

●葉身は長さ4〜6cm、幅1〜3cm。楕円形。葉の先はあまり尖らず、全縁

原寸

●脈は平行に出る（平行脈）

幹の直径は50〜60cmになります

種子は白みがかった青色で、11月頃に熟します

不分裂

全縁

対生

樹皮は赤褐色。ところどころ大きく浅い鱗状にはがれます

葉は楕円形で広葉樹のような形だが、針葉樹の仲間

熊野信仰との結びつきが深く、各地の神社に植えられ、葉をお守りにします。山地に生える常緑高木で庭木、神社や墓地などによく植えられます。果実は球形で油が採れ、材は家具材などに利用します。葉は縦方向には容易に裂けますが、横方向にはなかなかちぎれないことから、チカラッパ、チカラシバ、ベンケイナカセなどという方言があります。

奈良県の春日大社のナギ林は1000年前に植えられたといわれ、一帯は天然記念物です。

アオハダ【青膚、青肌】

Ilex macropoda　モチノキ科

別名	なし
分布	北海道、本州、四国、九州
樹高	5〜8m
花期	6月

落葉

●葉身は長さ3 〜 7cm、幅2 〜 5cm。広楕円形〜広卵形で質は薄い。葉の縁には浅く鋭い鋸歯がある。葉裏に毛がある

原寸

雌花は少なく、雄花がたくさんつきます

外皮は爪などで簡単にはげ、緑色の内皮が現れます

葉は短枝の先に集まります。幹は直径約60cm

びっしりついた赤い実が透き通った秋空に映える

樹皮をはがすと内皮（内側の皮）が緑色（「あお」と表現）であることからついた名です。低山地の落葉樹林内に生える雌雄異株の落葉小高木で、材はろくろ細工や寄せ木細工などに利用します。葉は互生し、短枝の先に集まってつきます。花は緑白色で、葉に混じるように短枝につきますが、今年枝の葉腋につくこともあります。果実は 9 〜 10 月に赤く熟します。

樹皮は灰白色で、皮目がたくさんあります

不分裂

鋸歯縁

互生

葉の裏に毛がないものをケナシアオハダといって区別します。

アキニレ【秋楡】
Ulmus parvifolia ニレ科

落葉

別名：イシゲヤキ、カワラゲヤキ
分布：本州、四国、九州、沖縄
樹高：15m
花期：9月

花は今年枝の葉腋に4〜6個つきます

原寸

●葉身は鈍鋸歯があり、長さ2.5〜5cm、幅1〜2cm。葉の裏には葉脈が突出している

●葉柄は3〜6mm

●葉の付け根は左右不ぞろい

原寸

果実は10〜11月に熟します。中央部分が膨らみ、周りに翼があります

幹の直径は60cmほどになります

不分裂

鋸歯縁

互生

樹皮は灰緑色〜灰褐色で、小さな褐色の皮目があります

秋には多くの果実がつき、花より目立つ

小さい葉と不ぞろいな鱗状（りんじょう）にはがれる樹皮が特徴です。山野の荒れ地、川岸などに生える落葉高木で、街路樹や公園樹のほか生け垣、庭木として植えられます。関西や四国に多く生育し、関東地方では公園などで見かけます。葉には常緑樹のような光沢があります。材は挽物細工（ひきもの）などに使われます。秋に葉や果実がつくニレということでこの名がつきました。

別名イシゲヤキはケヤキに似て材質がかたいから、カワラゲヤキは河原に生えることから。

アズキナシ【小豆梨】

Aria alnifolia バラ科

落葉

別名：ハカリノメ
分布：北海道、本州、四国、九州
樹高：10〜15m
花期：5〜6月

● 葉身は長さ5〜10cm、幅3〜7cm。葉先が尖り、浅い鈍鋸歯がある。両面に毛が生えるが、のちに無毛

原寸

花は直径1.3〜1.6cm。花弁が平らに開きます

長楕円形のナシ状果。熟すと見た目がアズキにも似ています

幹の直径は20〜30cmになります

初夏、新緑の中に5弁の白色花が群れる姿が美しい

山地にふつうに生える落葉高木で、まれに庭木として植えられます。初夏、枝先に白色の花を散房状につけます。10〜11月に赤く熟す果実には渋みと甘みがあり、果実酒にします。良質な材は建築材などに利用されます。果実が小さくナシに似ていることからこの名前があり、別名のハカリノメは、若い枝にある白い皮目を秤の目盛りに見立てたことが由来です。

樹皮は灰緑色〜灰褐色。老木になると細長く浅い裂け目が入ります

不分裂

鋸歯縁

互生

短枝につく葉は3枚が輪生状に見えるものが多く、同定の一助となります。

アベマキ【阿部槙、橡】
Quercus variabilis ブナ科

別名：コルククヌギ、ワタクヌギ
分布：本州、四国、九州
樹高：15m
花期：4〜5月

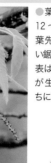

花序は長さ10cmほど。葉の展開と同時に開花

●葉身はやや質が厚く、長さ12〜17cm、幅4〜7cm。葉先は尖り、波状の浅い鋸歯は先が針となる。表は光沢があり毛が生えるがのちに無毛

60%

●葉裏は灰白色。毛が密生している

幹の直径は40cm以上になります

樹皮は灰褐色。えぐれたように深く縦に割れます

不分裂

鋸歯縁

互生

でこぼこした分厚い樹皮を持ち、クヌギによく似た木

西日本の雑木林を構成する代表的な落葉高木で、かつてはコルクを採るために栽培されました。丘陵〜山地に生育し、主に公園などに植えられます。材は建築材やシイタケのほだ木などに利用され、樹皮はコルク層が発達するので、コルクの代用にします。樹皮、葉はクヌギ（P.157）によく似ていますが、本種のほうが葉の幅が広く、裏に毛が密生して灰白色になります。

本来のコルクの原料は、地中海沿岸地域にだけ生育するコルクガシの樹皮です。

アワブキ【泡吹】

Meliosma myriantha アワブキ科

別名：なし
分布：本州、四国、九州
樹高：12m
花期：6〜7月

●葉身は長さ8〜25cm、幅4〜8cm。脈上に毛がある。葉先が尖り鋸歯の先も細く針になる

50%

●ほぼ平行に並んだ側脈が20〜28対ある

15〜20cmの花序に直径3mmの花をつけます

幹の直径は30cmほどです

ふわっと集まった小さな淡い黄色の花が神秘的

山地の林内や丘陵の雑木林などに生える落葉高木です。その年に伸びた枝先に円錐花序を出し、小さくて芳香がある淡黄白色の花をたくさんつけます。葉は互生して枝先に集まってつきます。葉の先は鋭く尖って、縁に先端が針のようになった低い鋸歯があります。展開を始めた葉は草色で、下垂する姿は独特です。材は薪炭材などに利用されます。

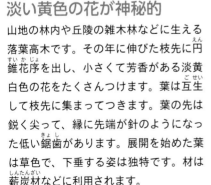

緑色を帯びた紫灰色の樹皮に、楕円形の小さな皮目が散らばります

不分裂

鋸歯縁

互生

 生木を燃やすと切り口から泡を吹くことから、この名がついたといわれます。

イヌシデ【犬四手】
Carpinus tschonoskii　カバノキ科

別名：シロシデ、ソネ
分布：本州、四国、九州
樹高：10〜15m
花期：4〜5月

4〜5月頃、新芽と同時に開花します

●葉身は長さ4〜8cm、幅2〜4cm。葉先は鋭く尖り、鋭く細かい重鋸歯がある。毛がわずかに生える

原寸

幹の直径は30cmほどになります

不分裂

鋸歯縁

互生

樹皮は灰褐色で老木に浅い割れ目があります。灰白色の模様は地衣類の着生によるもの

つるっとした灰褐色の樹皮に白い模様が目立つ

山地の雑木林に多く生育し、人里近くでも見られる落葉高木です。雌雄同株で、雄花序は黄褐色で長さ5〜8cm、前年枝の葉腋につきます。雌花序は今年枝の先端や短い枝の葉腋から垂れ下がります。材は燃料用や建築材などに使われています。和名の「四手」は「紙垂（玉串やしめ縄に垂らす紙）」のことで、果穂が垂れ下がる様子をこの紙垂に見立てた名です。

名前についている「犬」には、「本物と異なる、役に立たない」という意味があります。

アカシデ【赤四手】
Carpinus laxiflora カバノキ科

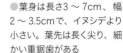

別名：ソロ、シデノキ、コソネ
分布：北海道、本州、四国、九州
樹高：10〜15m
花期：4〜5月

若芽や花は紅色を帯び、紅葉も美しいことが名の由来

●葉身は長さ3〜7cm、幅2〜3.5cmで、イヌシデより小さい。葉先は長く尖り、細かい重鋸歯がある

山野、川岸など肥沃で湿った場所に生育します。果苞はイヌシデより短く、樹皮は暗褐色で滑らか。皮目が多く、老木になるとすじ状のくぼみが目立ちます。

原寸

クマシデ【熊四手】
Carpinus japonica カバノキ科

別名：イシシデ、カタシデ
分布：本州、四国、九州
樹高：10〜15m
花期：4〜5月

●葉身は長さ5〜10cm、幅2.5〜4.5cm。葉先は長く尖り、縁に細かい重鋸歯がある。細長くサワシバに（P.170）に似ている

3種類のシデの中で、葉脈がいちばん多い

75%

●脈は20〜24対ある

日当たりのよい谷筋に自生する日本固有種。雄花序は黄色っぽく、秋に実る果苞はほかのシデに比べてふっくらとし、黒褐色の樹皮は生育するとすじ状のしまが入ります。

不分裂

鋸歯縁

互生

イヌシデ、アカシデ、クマシデは、3種とも里山でふつうに見られます。

131

ウメ【梅】

Prunus mume バラ科

別名：なし
分布：中国中部原産、各地に植栽
樹高：5〜10m
花期：2〜3月

花弁はふつう5枚。葉の展開前に開花します

●葉身は長さ4〜9cm、幅3〜5cm。葉の先は急に狭くなって尖り、細かい鋸歯がある。両面に毛がある

原寸

樹皮は暗褐色で、不ぞろいな割れ目があります

幹の直径は20〜30cmになります

フィールドノート

ウグイス　メジロ

昔から絵になる取り合わせといえば「梅に鶯」だが、実際にウメの花の近くでよく見かけるのは、花蜜を好むメジロ。ウグイスは昆虫や木の実を食べ、花の蜜は吸わない。目の周りに着目して見わけよう。

不分裂

鋸歯縁

互生

春の訪れを告げ、古くから愛されてきた花

果実を梅干しや梅酒などに利用するなど、日本ではなじみの深い樹木のひとつで、観賞用や果樹として広く栽培される落葉小高木・高木です。花は香りがよく、ふつう白色で、紅色や淡紅色の園芸品種も多数あります。果実は青く6月頃に黄色く熟します。日本には奈良時代以前に渡来したとされます。果実を薫製し乾燥させた「烏梅」は薬用にされます。

 古くはサクラより親しまれ、ウメの歌は『万葉集』では2番目に多く119首詠まれています。

ウメモドキ【梅擬】

Ilex serrata モチノキ科

落葉

別名：なし
分布：本州、四国、九州
樹高：1.5〜2m
花期：5〜7月

● 葉身は長さ3 〜 8cm、幅1.5 〜 3cm。 葉先は尖り、細かく鋭い鋸歯がある。 表には短毛が散生、裏の脈上にも毛がある

原寸

鈴なりについた赤い果実を、小鳥が食べにきます

淡紫色の花は、小さく直径3 〜 4mmほどです

こんもりした樹形

葉が落ちても残る、 赤い果実をつけた樹姿は美しい

湿った落葉広葉樹林内や湿地に生える落葉低木で日本固有種です。落葉後に残った赤い果実が美しく、観賞用に庭木や盆栽、生け花の花材として人気があります。雌雄異株（しゆういしゆ）で、今年伸びた枝の葉腋（ようえき）に小さな淡い紫色の花を咲かせます。雄花序（しかじよ）に5 〜 20 個、雌花序（しかじよ）に2 〜 4 個の花をつけます。雄花（おばな）には雄しべが4 〜 5 本と退化雌しべがあります。

樹皮は灰褐色です

不分裂

鋸歯縁

互生

 科は違いますが、ウメ（P.132）と葉が似ていることからついた名です。

133

ウワミズザクラ【上溝桜】

Padus grayana バラ科

別名：ハハカ
分布：北海道、本州、四国、九州
樹高：15m
花期：4〜5月

●葉身は長さ8〜11cm、幅3.5〜6cm。葉の先は長く尖り、鋭く細い鋸歯がある。葉裏の脈上に、まれに毛がある

花は白く花弁は5枚。直径6mmほど

80%

●葉の基部は円形

果実は、8〜9月に赤色から黒色に熟します。杏仁香（アンニンゴ）は若い果実を塩漬けにしたもの

幹の直径は50〜60cmほどになります

不分裂

鋸歯縁

互生

樹皮は暗紫褐色。横長の皮目があります

花のつき方が特徴的。試験管を洗うブラシのような花

日当たりのよい谷間や沢の斜面などに生える落葉高木で、庭木にも用います。ブラシのような花穂はイヌザクラ（P.135）に似ていますが、本種のほうが少し長く、花序の下部に葉をつけます。樹皮を傷つけると、クマリンという成分のはたらきで桜餅のような香りがします。秋、葉が枝ごと落ち（落枝）て落枝痕ができ、そこから翌年に新しい枝が伸びます。

材はかたく密なので漆器の木地や版木に、樹皮は桜皮細工などに利用されます。

イヌザクラ【犬桜】

Padus buergeriana バラ科

別名：シロザクラ
分布：本州、四国、九州
樹高：10m
花期：4〜5月

●葉身は長さ5〜10cm、幅2.5〜3.5cm。葉先は尾状に長く尖り、波打った縁にやや浅い鋸歯がある。葉裏の主脈に、まれに毛がある

原寸

●葉の基部はくさび形

直径5〜7mmの小さな花を12〜20個つけます

幹の直径は20〜30cmになります

多数の花を密につける様子がウワミズザクラに似ている

山地の日当たりのよい谷間などに生える落葉高木です。サクラの仲間ですが、ソメイヨシノなどと違い多数の花を密につけます。ウワミズザクラ（P.134）に比べて花穂が小さく花序の下に葉がつきません。名前に「役立たず」を意味する「イヌ」がついているのは、ほかのサクラに比べて華やかさに欠けるから、材がウワミズザクラに劣るから、など諸説あります。

樹皮は灰白色で光沢があります。淡褐色で横長の皮目があり、老木では小さな薄片になってはがれます

不分裂

鋸歯縁

互生

ウワミズザクラの樹皮は暗紫褐色、本種は灰白色なので、そこからも区別できます。

エドヒガン 【江戸彼岸】

Cerasus itosakura var. *itosakura* f. *ascendens*　バラ科

落葉

別名：アズマヒガン、ウバヒガン、ヒガンザクラ
分布：本州、四国、九州
樹高：15〜20m
花期：3〜4月

花弁は5枚。花の直径は約2.5cm

●葉身は長さ6〜12cm、幅3〜5cm
で、葉先は細く尖り、粗く浅い重
鋸歯がある。表は毛が散生。
裏は脈に沿って毛が
生える

原寸

●葉の基部は
広いくさび形

樹皮は暗灰褐色。縦に
不ぞろいで浅い割れ目が
あり、皮目が点在します

幹の直径は1mにもなります

くらべる

シダレザクラ 【枝垂桜】

別名イトザクラ。エドヒガンで枝がし
だれるもので、それ以外の特徴はエ
ドヒガンと変わらない。枝の生長速
度がしだれないサクラより早く、枝葉
の重さで垂れ下がる。

不分裂

鋸歯縁

互生

最も寿命が長いサクラ。樹齢 1000 年以上とされるものも

寿命が長く、天然記念物に指定されるよう
な巨木や名木が多いサクラです。山地に
生える落葉高木で、公園樹や記念樹など
として植えられ、建築材などにも用いられ
ます。花は淡い紅色かまれに白色で、葉
の展開前に咲きます。花弁の先端に切れ
込みがあり、萼筒（がくとう）は壺形で膨れているの
が特徴です。ソメイヨシノをはじめ、本種
を交配親に持つ栽培品種が多数あります。

 かつては東京に多く植えられ、春の彼岸の頃に花を咲かせることからついた名です。

オオシマザクラ【大島桜】

Cerasus speciosa　バラ科

別名：なし
分布：本州
樹高：15m
花期：3月下旬〜4月上旬

● 葉身は長さ8 〜 13cm、 幅5 〜 8cm。葉先は尾状に伸び、浅く細かい鋸歯がある。両面とも無毛

原寸

● 葉の基部は円形または鈍形

花弁は5枚。直径は3 〜 4cm

幹の直径は1m、ときに2mになります

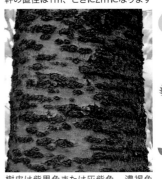

樹皮は紫黒色または灰紫色。濃褐色で横長の皮目があります

この葉で桜餅を包む。
塩漬けにすると香りが出る

クマリンという成分のはたらきで葉に独特の甘い香りがあり、半年〜 1 年ほど塩漬けにして桜餅を包むときに使います。沿海地の丘陵や低山に生える落葉高木で、公園樹や街路樹、庭木として植えられます。花は白色で葉の展開とほぼ同時に咲き、前年の枝に散形状あるいは散房状につけます。ソメイヨシノは、エドヒガン（P.136）と本種の雑種といわれています。

不分裂

鋸歯縁

互生

 伊豆諸島の大島で多く産出したため、この名がつきました。

オオヤマザクラ【大山桜】

Cerasus sargentii var. *sargentii*　バラ科

別名：エゾヤマザクラ、ベニヤマザクラ
分布：北海道、本州、四国
樹高：20〜25m
花期：4〜5月

●葉身は長さ8〜15cm、幅4〜8cm。葉先は伸びて鋭く尖る。粗く鋸歯があり一部重鋸歯となり、鋸歯の先は腺となる。表は無毛あるいはわずかに毛が散生

80%

●葉の基部は円形〜ハート形

花は直径3〜4.5cm。色に個体差があります

幹の直径は80〜130cmになります

樹皮は暗紫褐色で、横長の皮目があります

不分裂

鋸歯縁

互生

北海道を代表するサクラ。ヤマザクラより高所に生える

北海道を代表する野生のサクラで、関東地方や中部地方以北の標高の高い地域でも見られます。山地の疎林や林縁に生える落葉高木で、公園樹や庭木などとして植えられます。前年枝の葉腋に紅色〜淡紅色の花を2〜3個つけます。花弁は5枚で、先端に切れ込みがあります。材は緻密で建築材や家具材、彫刻材などに利用し、樹皮は桜皮細工に使われます。

大型のヤマザクラの意。葉や花がヤマザクラ（P.139）より大きいことからついた名です。

ヤマザクラ【山桜】

Cerasus jamasakura　バラ科

別名：なし
分布：本州、四国、九州
樹高：20〜25m
花期：3月下旬〜4月中旬

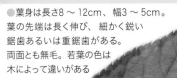

●葉身は長さ8 〜 12cm、幅3 〜 5cm。
葉の先端は長く伸び、細かく鋭い
鋸歯あるいは重鋸歯がある。
両面とも無毛。若葉の色は
木によって違いがある

70%

花弁は5枚。花の直径は3 〜 3.7cm

●葉の基部は円形
ないしくさび形

樹皮は紫褐色〜暗紫褐色。
横長の皮目が目立ちます

幹の直径は80 〜 100cmになります

ソメイヨシノが広まる明治時代以前は、花見の主役

古くから観賞されてきた日本のサクラの
代表で、奈良県の吉野山をはじめ各地に
名所があります。山地に広く生え、庭木
や街路樹、公園樹などとして植えられる
落葉高木です。花は葉とほぼ同時に開花
し、淡紅色の花を前年枝の葉腋に 2 〜 5
個つけます。赤褐色の材は緻密でよい香
りがあり、建築材などに用いるほか、か
つては浮世絵の版木に使われました。

フィールドノート

サクラ類の葉柄や葉身の基部には
蜜腺がある。ここから出る蜜にアリ
が集まり、ついでに葉にいる虫の卵
などもエサにする。なお、花器官
以外にある蜜腺を花外蜜腺という。

不分裂

鋸歯縁

互生

 学名の種形容語 *jamasakura* は、和名のヤマザクラのことです。

カスミザクラ【霞桜】
Cerasus leveilleana バラ科

別名：ケヤマザクラ
分布：北海道、本州、四国、九州
樹高：20m
花期：4〜5月

花は白色かわずかに紅色。直径2.4 〜 3.2cm

●葉身は長さ8 〜 12cm、 幅4 〜 6cm。葉先は尾状に伸びて尖り、単鋸歯と重鋸歯が混在する。表に軟毛が散生。裏にもまばらに毛がある

85%

●葉の基部は円形〜くさび形

幹の直径は30 〜 50cmになります

不分裂

鋸歯縁

互生

樹皮は灰褐色ないし紫褐色。横長の皮目があります

ヤマザクラから花の季節を引き継いで咲く

花が咲く様子が、霞がたなびくように見えることからついた名です。山地に生え、公園樹、街路樹として植えられる落葉高木です。花は葉の展開とともに咲き、前年枝の葉腋に2 〜 3個つきます。ヤマザクラ（P.139）に似ていますが、本種の花柄には毛があります。材は建築材などに、樹皮は桜皮細工のほか、咳や痰の鎮静に薬効があるとされ漢方で利用されます。

 花柄や葉柄に毛が生えることからケヤマザクラの別名があります。

カンヒザクラ【寒緋桜】

Cerasus campanulata　バラ科

別名：ヒカンザクラ
分布：台湾・中国原産、各地に植栽
樹高：8m
花期：1〜3月

●葉身は長さ8〜13cm、幅2〜5cm。葉先は短く鋭く尖り、浅い鋸歯がある。両面ともに無毛

原寸

└─ ●葉の基部は円形あるいは鈍形

花は直径約2cm。花弁と雄しべが一緒に落ちます

花は1月頃から咲き出します

下向きに咲き、花弁が完全に開かないサクラ

日本各地で庭木、公園樹、街路樹として栽培される落葉小高木です。暖地に適応していることから沖縄では各地に植えられ、1月下旬には満開となります。葉が展開する前に開花し、前年に伸びた枝に2〜3個ずつ下向きにつけます。花は濃紅紫色が多く、ときに淡紅紫色〜白色のものもあります。卵状楕円形の花弁は5枚で、先端に切れ込みがあります。

樹皮は暗紫褐色。浅く横に裂け、横に並ぶ皮目があります

不分裂

鋸歯縁

互生

 石垣島の自生種については、台湾か中国のものが持ち込まれ野生化したとする説があります。

03
ソメイヨシノをめぐる話

● ソメイヨシノの起源は?

　ソメイヨシノの起源には諸説あります。これまで、伊豆大島が原産地、韓国済州島原産、伊豆半島起源説など種々となえられてきましたが、現在はどれも支持されておらず、オオシマザクラとエドヒガンとの雑種株の自家交配またはオオシマザクラとの戻し交雑によって生じたものと考えられています。

● ソメイヨシノはすべてクローン

　ソメイヨシノが誕生したのは江戸末期から明治初年といわれ、江戸染井村（現在の東京都豊島区）の植木屋が「吉野桜」と名づけました。1900（明治33）年にソメイヨシノという和名がつけられ、学名 *Cerasus* × *yedoensis* は、翌年の1901年に東京帝国大学理学部植物学教室教授で小石川植物園の初代園長の松村任三によって命名されました。現在、接ぎ木などの栄養繁殖によって増やされたものが全国に広がっています。1916年、アメリカの植物学者のウィルソンがオオシマザクラとエドヒガンの雑種説を提唱、国立博物館の竹中要がこの交配実験をしてソメイヨシノによく似たものをつくりだし、ウィルソンの説を確認しました。

ソメイヨシノは華やかで人気があり、各地で花見の主役です。サクラ前線やサクラ開花宣言の指標に使われています。

エゴノキ【えごの木】

Styrax japonicus エゴノキ科

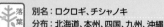

別名：ロクロギ、チシャノキ
分布：北海道、本州、四国、九州、沖縄
樹高：7〜8m
花期：5〜6月

● 葉身は縁に低い鋸歯があるかまたはほぼ全縁。長さ4〜8cm、幅2〜4cm。葉の先は尖り、葉裏の脈腋に毛がある

原寸

花から黄色い雄しべがのぞきます。円内は果実

樹皮は暗紫褐色〜淡黒色。滑らかで、老木では縦に浅く裂けます

株立ちになっているものもよく見かけます

英名スノードロップツリー。枝から降るように白花が咲く

山麓の雑木林や山地の谷間などに生育する落葉小高木で、公園樹や庭木などとして植えられます。今年枝（こんねんし）の枝先に白い花を1〜6個、下向きに咲かせます。果皮にエゴサポニンという有毒物質を含み、口にするとえごい（えぐい）ことから、この名がついたといわれます。材は白く均質で工作が容易なので、こけしやろくろ細工、玩具などに利用されます。

フィールドノート

夏、枝先にエゴノネコアシという虫こぶができる。エゴノネコアシアブラムシの寄生によるもので、これを焼酎に漬ける人もいる。

不分裂

鋸歯縁

互生

 種子はヤマガラの好物。小鳥の占いで、おみくじを引くヤマガラに与えるエサはこれです。

カシワ【柏】
Quercus dentata　ブナ科

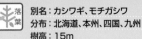
別名：カシワギ、モチガシワ
分布：北海道、本州、四国、九州
樹高：15m
花期：5〜6月

● 葉は洋紙質。 葉身は長さ11〜32cm、 幅6〜18cm。葉の先は尖らず、波状の大きな鋸歯がある。表面の毛はやがて落ちる

40%

●裏は灰緑白色、短毛と星状毛が密生して灰褐色に見える

雄花からは黄色い葯（やく）がのぞきます

葉は洋紙質。幹の直径は60cmほどになります

樹皮は灰褐色〜黒褐色。縦に不規則な深い割れ目があります

不分裂

鋸歯縁

互生

神聖で縁起のよい木。 潮風にも負けない強さも持つ

端午の節句で供え物にする柏餅は、本種の葉で包んだ餅。日当たりのよい山野の痩せ地などに生える落葉高木で、庭にも植えられます。雌雄同株で、葉の展開と同時に開花します。雄花序（ゆうかじょ）は長さ 10 〜 15cm で淡褐色の軟毛（なんもう）が密生します。雌花（めばな）は今年（こんねん）枝上部に 5 〜 6 個つきます。かたい材は建築材、家具材、ビール樽などに利用され、樹皮は皮をなめすときの原料になります。

 年を越しても枯れ葉をつけたままのことが多く、神が宿る木として神聖視されていました。

イイギリ【飯桐】

Idesia polycarpa ヤナギ科

別名：ナンテンギリ
分布：本州、四国、九州、沖縄
樹高：10〜15m
花期：3〜5月

●葉身は長さ10〜20cm、幅8〜20cm。葉の先は鋭く尖り、粗い鋸歯がある

40%

●葉柄の先端に2個の腺体がある

花は淡緑色。円内は果実

幹は直径40〜50cmになります

赤い房状に実った果実は見ごたえあり

山地に生える落葉高木で、公園樹、街路樹などとして植えられます。春に枝先から長い花序を出し、芳香のある花を咲かせます。10〜11月に赤く熟した果実をブドウのようにつけ、葉が落ちても実をつけたまま翌年まで残ることが多いので冬によく目立ちます。秋遅くエサが不足してくると、野鳥が食べる姿も見かけます。生長が早く、材は下駄などに利用します。

樹皮は灰白色。滑らかで、褐色の皮目があります

不分裂

鋸歯縁

互生

葉の形がキリ（P.23）に似ており、昔はこの葉でご飯を包んだことからついた名です。

エノキ【榎】

Celtis sinensis アサ科

別名：なし
分布：本州、四国、九州
樹高：20m
花期：4〜5月

雄花は今年枝の下部、両性花は上部の葉腋につきます

●葉身はやや厚く、先は急に尖る。
長さ4〜9cm、幅2.5〜6cm。
縁は上部から2/3ほどに
鋸歯がある

原寸

●基部は広いくさび形で、左右が不相称

樹皮は灰黒色で、ほぼ平坦。
小さな皮目があります

幹は直径1mほどになります

フィールドノート

オオムラサキ

エノキは、国蝶のオオムラサキをはじめ、ゴマダラチョウ、アカボシゴマダラ、テングチョウ、ヒオドシチョウなどの食樹。ヤマトタマムシの成虫も食べにくる。

不分裂

鋸歯縁

互生

身近でよく見かける
とてもポピュラーな木

山地や丘陵のある日当たりのよい場所に生える落葉高木で、庭木や公園樹などとして植えられます。葉は広卵形で、3本の葉脈が明瞭（3行脈）で、裏面はざらつきます。かつては街道の一里塚や村の境界などによく植えられ、器具の柄として使われたことから「柄の木」、よく燃えることから「燃え木」が転じたなど名前の由来には諸説あります。

果実は濃いオレンジ色に熟し、甘みがあって食べられます。鳥にとって大切な秋の食料です。

シナノキ【科の木、級の木】

Tilia japonica　アオイ科

別名：なし
分布：北海道、本州、四国、九州
樹高：8〜10m
花期：6〜7月

● 葉身は長さ4 〜 10cm、幅4 〜 6cm。先は尾状に尖り、鋭い鋸歯がある。葉裏の脈腋には淡褐色の毛がある

70%

● 基部は左右不ぞろいのハート形

垂れた花序に、薄黄色の花を十数個つけます

虫たちがよく集まっています

ミツバチにとって大切な植物。良質な蜂蜜が採れる

山地に生える落葉高木で日本固有種です。庭園樹として植えられます。花の形に特徴があり、咲くと花序に黄緑色の葉のようなもの（舌状の苞）をつけます。苞は果実をつけたときに一緒に落ちて、風に舞い種子を運びます。花には香りがあり、蜂蜜が採れます。ボダイジュ（P.149）に似ていますが、葉の裏に毛がない点で区別できます。樹皮の繊維は、縄や布に利用されます。

樹皮は暗灰色〜灰褐色。浅く縦に裂けます

不分裂

鋸歯縁

互生

 名前は、アイヌ語の「結ぶ」を意味するシナから、樹皮がシナシナするからなど諸説あります。

ヒメコウゾ【姫楮】

Broussonetia monoica クワ科

別名：なし
分布：本州、四国、九州
樹高：2〜5m
花期：4〜5月

●葉身は長さ4〜10cm、幅2〜5cm。先は長く尾状に尖り、やや鈍い多数の鋸歯がある。両面に毛がある

原寸

雄花序（円内）は直径約5mm。雌花序は直径約1cm

切れ込みがある葉とない葉があります

果実はオレンジ色。口当たりはよくありませんが、甘みがあります

樹皮は褐色で、細長い皮目が目立ちます

不分裂

鋸歯縁

互生

初夏、葉陰に果実が赤く熟す。この木が一瞬目立つとき

丘陵から低山地の、林縁や道ばたに生える落葉低木・小高木です。よく似た別種のコウゾは、カジノキ（P.27）とヒメコウゾの雑種とされ、カジノキに近いものとヒメコウゾに近いものがあり区別は困難です。イチゴのような果実は、甘くそのまま食べられますが、喉や舌に引っかかることがあるので要注意です。かつては樹皮を和紙の原料としました。

 ヤマグワ（P.35）とは、葉の切れ込み方、葉が薄く鋸歯が細かい、葉柄に毛がある点で見わけられます。

ボダイジュ【菩提樹】

Tilia miqueliana アオイ科

別名：コバノシナノキ
分布：中国原産、各地に植栽
樹高：8〜10m
花期：6月

●葉身の長さは5〜10cm、幅4〜3cm。葉先と鋸歯は鋭く尖る

70%

●葉裏の側脈の基部にわずかに毛がある

花には葉のようなもの（総苞葉）がついています

小枝には毛が密生しています

寺院でよく見かけるが、釈迦が悟りを開いた木とは別

お釈迦様がその下で悟りを開いたことで名前が知られている「菩提樹」は、クワ科のインドボダイジュを指し、実は本種ではありません。中国原産の落葉高木で寺院などに植えられ、材は建築材などに利用されるほか、かたい種子は数珠に使われます。シナノキ（P.147）とよく似ていますが、シナノキの葉裏には毛がなく、本種には毛がある点で区別できます。

樹皮は暗灰色〜帯紫暗灰色。縦に割れます

不分裂

鋸歯縁

互生

 12世紀の終わりに中国から福岡県に渡来し、全国の寺院に広まりました。

マンサク【満作】

Hamamelis japonica　マンサク科

別名	なし
分布	本州、四国、九州
樹高	2〜5m
花期	3〜5月

落葉

黄色い花弁と茶色い萼片の対照が際立ちます

樹高はときに12mに達します

●葉身は長さ5〜10cm、幅4〜7cm。葉の先は短く尖り、波状の粗い鋸歯がある

60%

樹皮は灰褐色で、皮目が多く滑らかです

くらべる

アテツマンサク【阿哲満作】

中国地方と四国・九州の一部に自生。名前は、岡山県にあった阿哲郡にちなむ。花弁とともに萼片が黄色いのが特徴。

不分裂

鋸歯縁

互生

葉より先に咲く明るい黄花は、春の息吹を感じさせる

山地の林内に生える落葉低木・小高木で、庭木や公園樹、盆栽として利用されています。葉が出る前に黄色いひものような花弁を持つ花を咲かせます。生け花に利用されますが、香りはあまりよくありません。秋になると、熟した果実がはじけて中から黒い実が見えます。名前は、枝にたくさん花を咲かせるので「満作」、花から「まず咲く」が転訛したなど諸説あります。

仲間の種に、葉が大きいオオバマンサク、葉が円いマルバマンサクもあります。

ムクノキ【椋の木】

Aphananthe aspera アサ科

別名：ムク、ムクエノキ
分布：本州、四国、九州、沖縄
樹高：20m
花期：4～5月

● 葉身は長さ4～10cm、幅2～6cm。先は尾状に尖り、鋭い鋸歯が規則正しく並ぶ。両面とも短毛がありざらつく

原寸

● 基部から3本の脈が伸びる

今年枝の下部に淡緑色の地味な花をつけます

幹の直径は1mほどになります

秋、甘い果実を目指してムクドリやキジバトが集まる

人家や道ばた、寺社の境内などによく植えられている身近な樹木のひとつです。日当たりのよい場所を好み、山地や丘陵地などの雑木林などに生え、街路樹や公園樹として植えられる落葉高木です。紫黒色に熟した果実（核果）は甘くておいしく、材は建築材や器具材に利用されます。葉はざらざらするので、漆器の木地やべっ甲などを磨くために使われました。

樹皮は灰褐色で滑らか。老木になるとはがれます

不分裂

鋸歯縁

互生

　大きくなったムクノキの根元は、立てた板のように肥大します。これを板根といいます。

151

オトコヨウゾメ【男ようぞめ】

Viburnum phlebotrichum　ガマズミ科(レンプクソウ科)

別名：なし
分布：本州、四国、九州
樹高：1〜3m
花期：4〜6月

淡紅色を帯びた白色の花。花序は下垂します

●葉身は長さ4〜9cm、幅2〜4cm。葉先は尖り、鋭い鋸歯がある

原寸

葉は対生で、よく分枝します

果実は10月頃赤く熟し、柄から垂れ下がります

樹皮は灰褐色です

不分裂

鋸歯縁

対生

小さな白い花が集まって咲く姿は、楚々として美しい

山地の樹林内に生える落葉低木です。葉は対生します。よく似たコバノガマズミは葉柄に長さの違う毛が生えるのに対し、本種は毛がないか、長い毛のみが生える点で区別できます。名前は、痩せた果実が食用にならないことから、たくさんあるガマズミ（P.153）の方言のひとつ「ヨソゾメ」に「男」をつけ、オトコヨウゾメとなったのではないかと考えられています。

葉は乾くと黒くなります。また落葉前の黄変した葉には黒くなった箇所が目立ちます。

ガマズミ【莢蒾】

Viburnum dilatatum　ガマズミ科(レンプクソウ科)

落葉

別名：アラゲガマズミ
分布：北海道、本州、四国、九州
樹高：5m
花期：5〜6月

● 葉身は長さ6 〜 14cm、 幅3 〜 13cm。
葉先は急に尖り、三角状の浅い鋸歯がある

70%

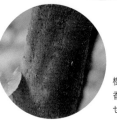

樹皮は灰褐色。
香りはよくありま
せん

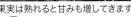

白い手まりのように花が集まってつきます

果実は熟れると甘みも増してきます

たわわに実る酸っぱい果実。
鳥にも人にも人気が高い

山地の樹林内や林縁に生え、庭木として
植えられる落葉小高木です。葉は卵形で、
同じ種でも葉の形が違うものがたまに見ら
れます。秋に真っ赤に熟した果実がよく目
立ちます。酸っぱい果実は生のまま食べら
れ、果実酒にも利用できます。名前の由来
は諸説あり、漢名の「莢蒾」を音読みし
た「キョウメイ」がカメと転じて、それに
ズミ (酸実) が結びついたともいわれます。

🔍 くらべる

ミヤマガマズミ【深山莢蒾】

葉の表面が無毛で先が尖り、葉柄
と花序に長い絹毛がまばらに生え
る。 ガマズミは、葉の先が鈍端で、
葉柄と花序に粗い毛が密生する。

不分裂

鋸歯縁

対生

 果実には、ポリフェノールが赤ワイン並みに含まれるという研究結果が報告されています。

カツラ【桂】
Cercidiphyllum japonicum　カツラ科

別名：なし
分布：北海道、本州、四国、九州
樹高：30m
花期：3〜5月

雄しべや雌しべは紅紫色、花弁や萼はありません

●葉身は長さ4〜8cm、幅3〜8cm、無毛。先は円いかわずかに尖り、波状の鈍い鋸歯がある

85%

樹皮は暗灰褐色。 縦に浅い割れ目があり老木では薄くはげます

枝は二叉状に分枝した特徴のある構成

不分裂

鋸歯縁

対生

フィールドノート

果実は少し曲がった円柱形で不思議な形。 裂開すると一方に翼のある扁平な種子が飛び出す。

丸いハート形の葉は、香りながら美しく黄葉する

山地の谷沿いなどに生え、近年は庭木、公園樹、街路樹として植えられます。生長すると複数のひこばえが出て、株立ちになることも多い落葉高木です。葉は円心形で、秋に黄葉すると醤油せんべいのような香りが漂います。かつて東北地方では、抹香（粉末状のお香）の材料に用いられました。材は建築材、碁盤などに利用されます。

紅葉時に葉が香ることを「香出（かづ）」といい、それが転訛した名前といわれます。

ツクバネウツギ【衝羽根空木】

Abelia spathulata var. *spathulata*　スイカズラ科

落葉

別名：コツクバネ
分布：本州、四国、九州（まれ）
樹高：2m
花期：4〜6月

● 葉身は長さ2 〜 6cm、幅1 〜 4cm。葉先は尾状に尖り、不規則な粗い鋸歯があるか全縁

原寸

漏斗状の花が下向きにつきます

果実の先に、5枚の萼片が残ります

よく枝分かれして茂ります

花が終わり、萼片だけが赤く残っている姿も愛らしい

丘陵や山地の日当たりのよい場所に生える落葉低木で、よく枝分かれして茂る株立ちの樹形になります。葉は広卵形で、花は白色または黄白色、まれに黄色やピンク色で、今年出た枝にふつう2個ずつつきます。花が咲き終わると、5つの萼片が残ります。よく似たオオツクバネウツギは5枚の萼片うち、1枚だけが小さい点で区別できます。

樹皮は灰褐色です

果実の先に残った萼片が、「つくばね（羽根つきの羽根）」に似ていることからついた名。

不分裂

鋸歯縁

対生

155

カマツカ【鎌柄】

Pourthiaea villosa var. *villosa*　バラ科

別名：ウシコロシ
分布：北海道、本州、四国、九州
樹高：5〜7m
花期：4〜5月

多数の花がこんもりとした形に集まります

●葉身は長さ4〜12cm、幅2〜6cm。表は緑色で光沢はなく無毛。小さな鋭い鋸歯が多数ある。裏は淡緑色で、主脈に毛がまばらに生える

原寸

果実は楕円形で、先に萼片と花糸の一部が残ります

葉は長枝では互生、短枝では輪生状につきます

不分裂

鋸歯縁

互生

樹皮は暗褐色。しわがあり斑紋状になります。果柄にはいぼ状の皮目があります

雑木林でひときわ目を引く紅葉は、楚々として美しい

丘陵地〜山地の日当たりのよい林縁などに生える落葉小高木で、庭木や盆栽で見かけます。葉は長い枝に互生し、短い枝にまとまってつきます。枝先に出した花序に白色の花を10〜20個ほどつけます。花弁は5枚で、先は円いかくぼみます。果実は赤いナシ状で、10〜11月頃に実ります。材がかたく、鎌や鍬などの柄に使われたためこの名前がつきました。

 別名のウシコロシは、牛の鼻に綱を通す穴をこの木の枝であけたことが由来です。

クヌギ【橡、椚、櫟】
Quercus acutissima ブナ科

落葉

別名：なし
分布：本州、四国、九州、沖縄
樹高：15m
花期：4～5月

●葉身は長さ8～15cm、幅3～5cm。葉先は鋭く尖り、波状の鋸歯がある。表の毛はやがて落ち、裏にも脱落しやすい黄褐色の毛がある

●鋸歯の先は針のような毛となる。クリ（P.158）と比べ白みを帯びている

75%

樹皮は灰褐色。厚く、不規則に深く割れます

雄花序は約10cm。雄花は葉腋につきます

幹の直径は60cmほどになります

カブトムシをはじめ甲虫類が集まる木のひとつ

関東地方の雑木林を構成する代表的な落葉高木のひとつで、山地や丘陵地でふつうに見られ、公園樹としても植えられます。葉の展開と同時に開花し、今年枝に雄花序と1～3個の雌花をつけます。材は薪炭や器具材やシイタケのほだ木に、葉や果実、樹皮は染色に用います。アベマキ（P.128）とは、生長した葉の裏に毛がほとんどないことで見わけられます。

📖 フィールドノート

クヌギのどんぐりは、アラカシと違って転がりやすい丸い形をしている。昔、この実で衣を染めたという。

不分裂

鋸歯縁

互生

 名の由来は「国木」の転訛。栗に似ているので「栗似木」からの転訛という説もあります。

クリ【栗】

Castanea crenata ブナ科

別名：シバクリ
分布：北海道、本州、四国、九州
樹高：17m
花期：6月

●葉身は、長さ7〜14cm、幅3〜4cm。葉先は鋭く尖り、鋸歯の先端は針状。表側に光沢があり、主脈沿いに毛が生える

● 鋸歯の先まで緑色

45%

花序は長さ10〜15cm。円内は果実

●裏には小さな腺点が多数ある（クヌギにはない）

樹皮は灰黒色で、老木になるとやや深く縦に長く割れます

幹の直径は1mほどになります

不分裂

鋸歯縁

互生

フィールドノート

冬にクリの冬芽を観察してみると面白い。茶褐色で丸く、小さな栗の実のような形をしている。

果実を食用とするため、古くから果樹栽培されてきた

丘陵〜山地に生える落葉高木で、雑木林を構成する木のひとつです。今年枝の葉腋から出す花序の大部分は雄花で、雌花の入った総苞が花序の基部につきます。材は家の土台、シイタケのほだ木などに利用されます。葉はクヌギ（P.157）に似ていますが、クリのほうが葉柄が短いことが多く、針のように尖った鋸歯の半分くらいまで葉肉がついています。

花期には独特の青臭い香りがあたり一面に漂います。人によっては嫌なにおいです。

04
森の木に集まる昆虫たち

　森は虫たちのすみか。樹木は彼らの、食卓であり、恋をささやく場所であり、日々の生活の場所なのです。クヌギやコナラなどの傷口からでている樹液には、カブトムシやクワガタ、カナブン、チョウなど、さまざまの虫たちが集まって樹液をなめています。ときには、人間にとって好まざる客、オオスズメバチもやってきます。葉っぱは草食昆虫の食卓

食事中？　木にとまるカブトムシ

ですが、狩蜂にとっては、おいしそうに葉を食べている毛虫を狙う狩場でもあります。地面に積もる枯れ葉の下は、蝶のサナギなど虫たちの越冬の場所にもなります。森の中は、昆虫たちの生きるためにはなくてはならない世界です。

ハンミョウ
昆虫界の宝石ともいわれる。成虫、幼虫ともに大あごを持ち、ほかの昆虫を捕らえて食べる

ヒメシロコブゾウムシ
形がユーモラス。ハギなどの葉が丸く食べられているあとを見つけたら、そこにいるかもしれない

ヒカゲチョウ
山地を中心に見られるジャノメチョウの仲間。花よりも樹液や腐った果実を好み、雑木林の林縁を飛んでいるのを見かける

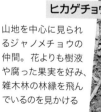

アリジゴク
ウスバカゲロウの幼虫。大きな木の下など、乾いた場所にすり鉢状の巣穴をつくる。巣にアリなど小昆虫が踏み込むと砂をはね上げ、斜面を滑り落ちてきたところを捕食する

159

キブシ【木五倍子】

Stachyurus praecox　キブシ科

別名：なし
分布：北海道、本州、四国、九州
樹高：3m
花期：3〜4月

雄花序のほうが雌花序より長い

●葉身は長さ6〜12cm、幅3〜6cm。葉先は鋭く尖り、鋸歯も鋭い。表はほぼ無毛だが、葉裏の脈上に毛がある

90%

幹の直径は5cmほどになります

不分裂

鋸歯縁

互生

樹皮は赤褐色または暗褐色をしています

たくさんの花穂が、紐のように垂れ下がる

雑木林や林縁、山地の道ばたなどに生える落葉低木です。公園樹や庭木などとして植えられます。雌雄同株または雌雄異株で、葉の展開前に前年に伸びた枝の葉腋から花序を下げます。地域によって小枝の太さ、葉の形や大きさ、花序の長さなどの変異が多く、多くの種が命名されましたが、キブシと明確に区別できず、同一種と見られています。

かつては、タンニンが含まれる果実を干し、黒色染料に使いました。お歯黒にも使ったそうです。

ケヤキ【欅】

Zelkova serrata ニレ科

別名：ツキ
分布：本州、四国、九州
樹高：20〜25m
花期：4月

●葉身は長さ3〜9cm、幅1〜2.5cm。葉の先端は鋭く尖り、鋸歯も鋭い。表面にざらつきがある

●葉脈は羽状。ムクノキとの区別点

原寸

雌花はふつう1個、まれに3個ほどが束生します

樹皮は灰白色で滑らか。小さく丸い皮目があり、老木では鱗片状にはがれます

幹の直径は1.5mほどになります

堂々と枝を広げる姿が、神々しい空間をつくり出す

日本の代表的な落葉高木のひとつ。扇形の樹形が美しく、各地に天然記念物に指定された巨木や名木があります。山地や丘陵、川岸などに生え、公園樹や街路樹、防風・防火林に用います。雌雄同株で、雄花は今年枝の下部の葉腋に数個ずつ、雌花は今年枝の上部の葉腋にふつう1個つきます。葉の展開と同時に開花します。材は家具材や太鼓の胴などに利用されます。

📖 フィールドノート

果実がついた枝は、葉と実のついた小枝ごと散り（落枝）、回転しながら飛んで遠くに種子を散布する。木の高さの3倍くらいは飛ぶようである。

不分裂

鋸歯縁

互生

 葉がムクノキ（P.151）に似ていますが、ムクノキは基部の3脈が目立ちます。

ケヤマハンノキ【毛山榛の木】

Alnus hirsuta var. *hirsuta*　カバノキ科

別名：なし
分布：北海道、本州、四国、九州
樹高：15〜20m
花期：4月

雄花序は長さ7〜9cmの円柱形

●葉身は長さ6〜12cm、幅3〜6cm。先端は短く尖るか円頭状。不規則に切れ込む重鋸歯がある。表は毛がまばら、裏の脈上にビロード状の毛がある

50%

●側脈がへこんでいる

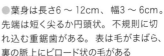

幹の直径は15〜80cmほどになります

樹皮は紫褐色で滑らか。灰色で横長の皮目が目立ちます

不分裂

鋸歯縁

互生

がけ崩れなどのあと、最初に生えるパイオニア植物

山野や川岸などにふつうに生える落葉高木で、痩せた土地でもよく育ちます。砂防樹、緑化樹として植えられます。葉の展開前に、長い円柱状の雄花序を出します。材は家具材として利用されます。葉は紅葉せずに落ちます。これは、根粒菌と共生し窒素を入手できるので、わざわざ紅葉してクロロフィルを分解し窒素を取り込む必要がないからです。

 葉や枝に毛が密集し、「山に生えるハンノキ」ということからついた名です。

コゴメヤナギ【小米柳】

Salix dolichostyla subsp. *serissifolia*　ヤナギ科

落葉

別名：コメヤナギ
分布：本州
樹高：20m
花期：4月

●葉身は長さ4〜7cm、幅9〜12cm。先端は短く尖り、鋸歯がある。両面とも無毛

原寸

樹皮は灰黒褐色で、縦に割れ目が入ります

雌花序、雄花序ともに長さ1.5〜2cm

幹の直径は1m以上になります

高木になるが、葉は小さいヤナギ

河原や湿地に生え、生長すると高さ20mにもなる落葉高木です。日本固有種で、関東〜中部地方の太平洋に注ぐ河川の中流域に多く見られます。雌雄異株で葉の展開と同時に開花します。雄花序も雌花序もともに小さな円柱形で、雄花の苞は淡黄色、雌花の苞は黄緑色です。よく似たシロヤナギに比べて葉や花穂が小さく、樹皮は黒っぽく見えます。

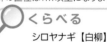

くらべる

シロヤナギ【白柳】

川沿いに生え、雪の多い東北地方ではふつうに見られる。コゴメヤナギに似ているが花序が長く、葉裏に軟毛が密生している。樹皮は淡褐色で縦に割れる。名前は、葉裏が白いことから。

不分裂

鋸歯縁

互生

 ヤナギの仲間の中で、葉が小さいことからこの名がつきました。

シダレヤナギ 【枝垂柳】

Salix babylonica　ヤナギ科

別名：イトヤナギ
分布：中国原産、各地に植栽
樹高：8〜17m
花期：3〜4月

葉の展開と同時に開花します

●葉身は長さ8〜13cm、幅1〜2cm。葉は先が狭くなり鋭く尖り、細かい鋸歯がある。両面とも無毛

原寸

垂れた枝に長い葉がつき、下向きになっています

幹の直径は10〜70cmになります

不分裂

鋸歯縁

互生

樹皮は灰褐色で縦に裂け目が入ります

古くから各地に植えられ、日本で最もポピュラーなヤナギ

公園樹や街路樹としてポピュラーで、生け花にも使われます。落葉高木で、野生化もしています。寒さにはあまり強くありませんが、北海道の札幌市あたりまで植樹できます。雄花序は円柱状で上に向かって湾曲する短い柄があり、雌花序の柄は短く緑色です。『万葉集』の中にシダレヤナギだとはっきりわかる歌があり、この時代より前に入ってきたと想像できます。

 和名は、細く長い枝がしだれる様子からつきました。

ネコヤナギ【猫柳】

Salix gracilistyla　ヤナギ科

落葉

別名：なし
分布：北海道、本州、四国、九州
樹高：0.5〜3m
花期：3〜4月

●葉身は長さ10 〜 15cm、 幅3 〜 4.5cm。先端は尖り、葉の下部を除き細かい鋸歯がある。表に毛があるが落ちる

原寸

花序は円柱形。雄花序は雌花序より長くなります

●葉の裏は灰白色で、成葉ではまばらに絹毛がある

葉をたくさん出します

やわらかく優しい風合いの花序。花材に欠かせないヤナギ

ふわふわした花序（かじょ）を、猫の尾に見立ててついた名といわれます。水辺などに生える落葉低木で、庭木として植えられます。早春、葉が展開する前につける絹糸状の白毛を密生させた花穂（かすい）は、見栄えがよく、生け花に利用されます。雌雄異株で、葉の展開前に花を開きます。河川工事が進む今日、生育できるような場所が減って、野生では減少傾向にあります。

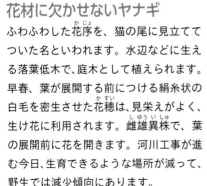

樹皮は暗灰色です

不分裂

鋸歯縁

互生

 かつてはカワヤナギとよばれていました。なお、カワヤナギは同名異種があります。

バッコヤナギ【跋扈柳】

Salix caprea ヤナギ科

別名：ヤマネコヤナギ
分布：北海道、本州、四国
樹高：15m
花期：3月

雄花序3〜5cm、雌花序は2〜4cm

幹は直径5〜30cmになります

樹皮は暗灰色です

不分裂
鋸歯縁
互生

● 葉身は長さ8〜13cm、幅3.5〜4cm。先端は尖り、葉の縁に波状の鋸歯がある。葉裏は粉白色で、密に縮毛が生える

原寸

花芽は大きく、楕円形で紅褐色

山地の乾燥した場所に多いヤナギ

山麓や丘陵地などのやや乾いた場所にふつうに見られる落葉高木で、日本固有種です。早春、銀白色に輝く花穂（かすい）は大きく、よく目立ちます。「バッコ」の語源は不明ですが、アイヌ語説、東北地方の方言からともいわれています。ヤマネコヤナギの別名がありますが、湿地に生えるネコヤナギとは生育場所が違い、花の形や樹高も似ているとはいえません。

 地面に落ち黒く変色した花穂を、「バッコ＝糞（東北の方言）」に見立てた名かもしれません。

コナラ【小楢】

Quercus serrata ブナ科

別名：ホオソ、ハハソ、ナラ
分布：北海道、本州、四国、九州
樹高：17〜25m
花期：4〜5月

● 葉身は長さ5〜15cm、幅4〜6cm。葉の先端と鋸歯が鋭く尖る。表の毛はのちに無毛。裏には毛がある

原寸

● 葉柄は1cmほど

雄花序は2〜6cm。今年枝の基部にたくさんつきます

堅果は1年で成熟し、落下後すぐ発根。春に本葉が展開し子葉は地表には現れません

幹の直径は60cmほどになります

クヌギとともに雑木林の主要樹木

クヌギ（P.157）と並んで関東の雑木林を代表する落葉高木で、日当たりのよい山野に生え、公園樹として植えられます。葉の展開とほぼ同時に開花し、雄花序は今年枝の基部に下垂、小さな雌花序は枝先につきます。材は建築材、家具材、シイタケのほだ木などに利用されます。かつては、薪炭や落ち葉が堆肥や燃料となるために各地で植林され、雑木林がつくられました。

樹皮は暗黒色で、縦に不規則な割れ目があります

不分裂

鋸歯縁

互生

ナラ枯れ病による枯死が増加傾向。カシノナガキクイムシが媒介するナラ菌の感染が原因。

167

ミズナラ【水楢】

Quercus crispula ブナ科

別名：オオナラ
分布：北海道、本州、四国、九州
樹高：30m
花期：5～6月

雄花序は長さ6.5～8cm

●葉身は長さ7～15cm、幅5～9cm。葉先は急に尖り、縁に大きな粗い鋸歯がある

50%

●葉の付け根はやや張り出す

幹は直径1.5mほどになります

不分裂

鋸歯縁

互生

樹皮は淡褐色。老木では縦に不規則な割れ目があります

ブナとともに広葉樹林を構成する樹木

美しい模様が材の木目に現れ、建築材、家具材、洋酒樽などに利用されます。山地から亜高山帯にかけて生える落葉高木で、ブナ（P.169）と混生したり純林をつくったりします。葉と同時に開花し、今年枝に雄花序と雌花序をつけます。よく似たコナラ（P.167）とは、鋸歯の形や葉柄がごく短い点で見わけます。材に水分を多く含み、燃えにくいことからついた名です。

 アカネズミなどの動物によって、種子が散布されます。

ブナ【撫、椈】

Fagus crenata ブナ科

落葉

別名：シロブナ、ソバグリ
分布：北海道、本州、四国、九州
樹高：30m
花期：5月

●葉身はやや厚く、長さ4〜9cm、幅2〜4cm。葉先は尖り、波状の鋸歯がある。はじめ毛があるがのちに無毛

原寸

葉の展開と同時に開花します

樹皮は灰白色で割れ目がなく滑らか。地衣類などが多くつき模様をつくります

幹の直径は1mほどになります

温帯の広葉樹の中でも代表的な樹木

保水力が大きく水源涵養林としても重要な樹木のひとつで、ブナの生える森は「緑のダム」といわれるほど保水力があります。山地に生え、北海道と東北では平地でも見られる落葉高木です。花は、6〜12個の雄花が頭頂に集まって雄花序をつくり、雌花序は今年枝の上部の葉腋に上向きにつきます。果実のどんぐりは栄養が豊富で、野生生物の貴重なエサとなります。

🔍 くらべる

イヌブナ【犬撫】

別名クロブナ。樹皮は灰黒色で、ひこばえが多く葉の両面に長い軟毛がある点でブナと区別できる。材の質がブナより落ちるためにこの名がついた。

不分裂

鋸歯縁

互生

 一般に日本海側のブナは葉が大きく、太平洋側の葉は小さい傾向にあります。

169

サワシバ【沢柴】
Carpinus cordata カバノキ科

別名：サワシデ
分布：北海道、本州、四国、九州
樹高：15m
花期：4〜5月

雄花序は5cmほど。前年枝に垂れ下がります

幹は直径20cmほどになります

不分裂

鋸歯縁

互生

樹皮は淡緑灰褐色。老木になると、ひし形で鱗状の浅い裂け目が入ります

●葉身は長さ6〜15cm、幅4〜7cm。先端は急に鋭く尖り、不ぞろいな重鋸歯がある。鋸歯の先は短い芒（のぎ）状になる。裏の葉脈上に長い毛がある

原寸

●側脈は15〜23対ある

●基部は心形

沢沿いの登山道を伝い歩くと、美しい新緑が目に入る

山の沢に生える柴（しば）の意味で、柴（小枝）を燃料にしたから、またはサワシデが転訛（てんか）してこの名になったといわれています。山地の沢沿いなど湿り気のある場所に生える落葉高木で、新芽の展開とほぼ同時に開花し、雄花序は黄色に近い緑色で、雌花序（しかじょ）は黄緑色。葉はクマシデ（P.131）とよく似ていますが、本種は葉の基部が深いハート形で側脈がやや少ないのが特徴です。

 チドリノキ（P.222）と似ていますが、チドリノキはムクロジ科で葉が対生です。

サワフタギ【沢蓋木】

Symplocos sawafutagi　ハイノキ科

別名：ルリミノウシコロシ、ニシゴリ
分布：北海道、本州、四国、九州
樹高：2〜4m
花期：5〜6月

●葉身は長さ4〜8cm、幅2〜3.5cm。
先端は急に短く尖る。鋸歯は細かい。
両面に毛がまばらに生える

原寸

花の直径は7〜8mm

枝はよく分枝します

樹皮は灰褐色。
縦に細かく裂け
ます

秋、鮮やかな藍青色に熟した果実に目を見張る

山地の谷間に生える落葉低木・小高木です。葉は楕円形で細かい鋸歯を持ちます。材は細工物などとして利用されます。材を燃やした灰を紫根染めの媒染剤として利用しました。そこから、別名のニシゴリ（錦織木の意味）がつけられました。円錐状の花序に白色の花をつけ、花弁より少し長い雄しべをたくさんつけます。学名の種形容語に和名がついています。

くらべる

タンナサワフタギ【耽羅沢蓋木】

サワフタギにそっくりだが、葉の鋸歯が粗く卵形をしている。果実は藍黒色に熟する。関東地方以西から九州に分布する。

不分裂

鋸歯縁

互生

 沢をふさぐように枝葉を茂らせることから、この名がつけられました。

シモツケ【下野】

Spiraea japonica バラ科

別名：キシモツケ
分布：本州、四国、九州
樹高：1〜1.5m
花期：5〜8月

直径3〜6mmほどの花を密につけます

● 葉身は長さ3〜8cm、幅2〜4cm。葉の先は尖り、不ぞろいの鋸歯がある。毛があるものとないものがある

原寸

樹皮は暗褐色。縦に裂けてはがれます

株立ちになります

不分裂

鋸歯縁

互生

くらべる

シモツケソウ【下野草】

名前はよく似ているが、同じバラ科の多年草。葉は掌状に5〜7裂する。6〜8月に淡紅紫色〜紅紫色、まれに白色の花をつける。

梅雨空の山道、雫を含んだピンク色の花塊に足が止まる

山地の日当たりのよい場所に生える落葉低木で茎は束生し、庭木、公園樹、盆栽などとして植えられます。50個以上のたくさんの小さな花が、夏の青空を背景に傘のようにまとまってつく様子は華やかで、切り花にも用いられます。花は淡紅〜濃紅色で、変異も多くまれに白色のものもあります。雄しべは多数あり、花弁より長く突き出ていて針山のようです。

和名は、下野（現在の栃木県あたり）で発見されたことからこの名がつきました。

シラカンバ【白樺】

Betula platyphylla var. *japonica*　カバノキ科

別名：シラカバ
分布：北海道、本州
樹高：30m
花期：4〜5月

●葉身はやや厚く、長さ5〜8cm、幅4〜7cm。葉の先は鋭く尖り、重鋸歯がある。裏は無毛あるいはわずかに毛がある

原寸

●基部はときに切形か広いクサビ形ないしハート形。側脈は5〜11対

雄花序は暗紅黄色をしています

葉は長枝で互生、短枝で一対につきます

伐採跡地などに純林をつくるパイオニア植物

白色の樹皮が特徴で、伐採跡地や山火事跡にいち早く生えて美しい景観をつくります。日当たりのよい山地を好み、庭や公園などに植えられる落葉高木です。雌雄同株（しゆうどうしゅ）で、新葉の展開とともに開花し、雄花序（ゆうかじょ）は長さ3〜5cmで長枝（ちょうし）の先に1〜2個下垂し、雌花序（しかじょ）は円柱形（えんちゅうけい）で短枝（たんし）の先につきます。材はパルプや爪楊枝などに利用され、樹皮を使った民芸品などもよく見かけます。

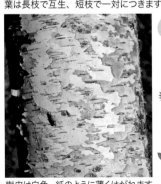

樹皮は白色。紙のように薄くはがれます。幹の直径は1mほどになります

不分裂

鋸歯縁

互生

地球温暖化対策の二酸化炭素固定やクリーンなバイオマス資源として、重要視されています。

173

ダケカンバ【岳樺】

Betula ermanii カバノキ科

別名：ソウシカンバ
分布：北海道、本州、四国
樹高：10～20m
花期：5～6月

雄花序は1～数個が下垂、雌花序は短枝に頂生

幹の直径は15～70cmになります

樹皮は帯赤褐色または灰白褐色。横に薄くはがれますが、老木では縦に裂けます

●葉身は長さ5～10cm、幅3～7cm。葉先は鋭く尖り、不ぞろいの重鋸歯があり無毛

原寸

●葉の付け根は円形または深いハート形。側脈は7～15対

不分裂

鋸歯縁

互生

肌色の木々が空に突き出る冬の姿は素晴らしい

日当たりのよい場所に生育し、ふつう北海道では低地から、本州以南では亜高山帯に生える落葉高木です。葉の展開と同時に開花します。シラカンバ（P.173）と似ていますが、本種の樹皮は帯赤褐色または灰白褐色で、葉の側脈が7～15対と多いのが特徴です。シラカンバより標高が高い場所で見られ、高山に生えることから「岳（嶽）カンバ」の名がつきました。

 別名のソウシカンバ（草紙カンバ）は、はがした樹皮に字を書くことができることから。

ズミ【酸実】

Malus toringo バラ科

別名：コリンゴ、コナシ、ミツバカイドウ
分布：北海道、本州、四国、九州
樹高：6～10m
花期：5～6月

● 葉身は長さ3 ～ 8cm、幅2 ～ 4cm。葉の先は尖り、重鋸歯あるいは細かい鋸歯がある。無毛だが、まれに毛がある

原寸

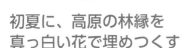

葉は、多くの場合3～5裂に切れ込みます

短枝の先の花序に白い花を4 ～ 8個つけます

幹の直径は30 ～ 40cmになります

初夏に、高原の林縁を真っ白い花で埋めつくす

山地の日当たりのよい林縁や湿原など、やや湿り気の多い場所に生える落葉小高木・高木。関東地方の高原に多く見られ、庭木、公園樹として植えられます。長い枝につく葉は 3 ～ 5 つに大きな切れ込みます。かつてはリンゴの台木として使われました。ズミは「そみ（染み）」という意味で、樹皮を草木染めの黄色の染料に用いたことが名前の由来です。

樹皮は灰褐色。短冊状にはがれて縦に裂けます

不分裂

鋸歯縁

互生

別名コリンゴは果実がリンゴに似ていることから。果実の構造もほとんど変わりません。

ツルウメモドキ【蔓梅擬】

Celastrus orbiculatus var. *orbiculatus*　ニシキギ科

落葉

別名：なし
分布：北海道、本州、四国、九州、沖縄
樹高：2〜12m（つるの長さ）
花期：5〜6月

黄緑色の花は直径6〜8mmほど

原寸

●葉身は長さ7〜9cm、幅2〜3.5cm。葉先は急に尖り、波状の鋸歯があり無毛

ほかの木に絡んで伸びます。円内は果実

不分裂

鋸歯縁

互生

樹皮は灰色。写真では若い実が見えています

つるいっぱいに実った果実が秋空に映える

秋に熟す果実が美しい落葉つる性木本です。山地の林縁や路傍などに生え、庭木では雌株が植えられます。雌雄異株で、葉腋や枝先に短い花序を出します。雄株では1〜7個の雄花を、雌株では1〜3個の雌花をつけます。果実は10〜12月に黄色く熟して3つに割れ、橙赤色の皮（仮種皮）に包まれた種子が現れます。果実やつるは生け花やリースにも使います。

ウメモドキ（P.133）に似たつる性の木ということから、この名がつきました。

176

ヤブツバキ【薮椿】

Camellia japonica ツバキ科

●葉の質はかたい。葉身は長さ5〜10cm、幅3〜6cm。葉の先は尖り、細かい鋸歯がある。無毛で、上面には光沢がある

80%

雄しべと花弁は一体となって花ごと落ちます

シロバナヤブツバキ。ヤブツバキの白花種

樹皮は褐灰色〜黄褐色で滑らか

大きなものは15mになります

冬の晴れ渡った寒空に、あでやかに咲く

種子から椿油が採れ、東京都の伊豆大島、長崎県の五島列島などが産地として知られています。海沿いに多く、山地にも生える常緑小高木で、庭木や防風林などに植えられます。枝先の葉腋に赤色の花をつけます。ときに淡紅色や白色の花もあります。雄しべは多数あり、白い花糸と黄色い葯が目立ちます。材は盆や椀の木地、将棋の駒などに利用されます。

📖 フィールドノート

チャドクガの幼虫はツバキ科の葉を食害する虫の代表格。横並びで葉を食べる様子はユーモラスだが、幼虫に生える長さ0.1〜0.2mmほどの毒針毛に触れると、赤く腫れて痒くなる。

不分裂

鋸歯縁

互生

花粉は鳥によって運ばれます。花の季節、顔を花粉で真っ黄色にした鳥が見られます。

ナツツバキ【夏椿】

Stewartia pseudocamellia ツバキ科

別名：シャラノキ
分布：本州、四国、九州
樹高：15m
花期：6〜7月

花の直径は5〜6cm

●葉身は長さ4〜10cm、幅2.5〜5cm。葉先は鋭く尖り、低い鋸歯がある。葉裏に毛がある

原寸

若枝は緑色で、秋までに褐色を帯びます

不分裂

鋸歯縁

互生

平滑で赤みを帯び、古い樹皮ははげ落ちます

成木の樹皮ははがれてまだら。山中でもすぐにわかる

夏にツバキのような花を咲かせることからこの名がつきました。山地の林内に生え、庭木、公園樹などとして植えられる落葉高木です。材は床材などに利用されます。今年枝のやや下方の葉腋（ようえき）に、白色の花を上向きに咲かせます。花弁（かべん）の縁は波打ち、細かい鋸歯（きょし）がまばらにあります。樹皮が滑らかでまだらにはがれて美しく、古い木ほどきれいにはがれます。

別名のシャラノキは、インド原産のサラソウジュと誤認したものです。

ユキツバキ【雪椿】

Camellia rusticana　ツバキ科

常緑

別名：サルイワツバキ、オクツバキ
分布：本州
樹高：2m
花期：4〜6月

●葉身は長さ5〜10cm、幅3〜5cm。
葉先は鋭く尖り、細かい鋸歯
がある。葉の質は
ヤブツバキよりも
薄く葉脈が
目立つ

原寸

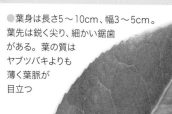

ヤブツバキより質が薄い花弁

両面とも無毛ですが、葉
柄上部の両側と裏に白い
毛があり、葉身の最下部
まで広がることがあります

幹は地をはい、半球状の平たい樹形をつくります

豪雪を耐え抜き春に花開く、赤い花のツバキ

ヤブツバキの変種で、多雪地域に適応し
た性質を持つ常緑低木です。ヤブツバキ
とユキツバキが分布を接する地域には、
両者の中間型のものが見られ、ユキバタ
ツバキと呼ばれています。枝先の葉腋に
赤色の花をつけます。花弁は5枚で、平
開します。花糸がしばしば濃橙黄色〜黄
赤色になります。果実は直径約2.5cm
の球形で、まれにしか結実しません。

樹皮は灰白色で滑らかです

不分裂

鋸歯縁

互生

　種形容語 *rusticana*（田舎の）は、歌劇『カバレリア・ルスティカーナ』にちなんでいます。

サザンカ【山茶花、茶梅】

Camellia sasanqua ツバキ科

常緑

別名：なし
分布：本州、四国、九州、沖縄
樹高：5m
花期：10〜12月

野生のサザンカの花は白色

●葉身は長さ3〜7cm、幅2〜3cm。縁には鋭い鋸歯があり、革質で主脈が目立ち、側脈は不明瞭

原寸

樹皮は、灰白色を帯びます

密に枝をつけ、混んだ印象

不分裂

鋸歯縁

互生

フィールドノート

ヤブツバキ　　　サザンカ

ツバキとサザンカは、花の散り際が違う。ツバキは花が丸ごと落ちる。サザンカは花弁が1枚ずつ落ちて、地面が花びらの絨毯のようになる。

童謡「たきび」でおなじみ。寒さの訪れとともに咲く

林縁、林中に生育する常緑小高木で、日本固有種です。晩秋に白色の花を咲かせます。桃色や赤色などの多くの園芸品種があります。漢字の「山茶花」は中国語でツバキ類を指す「山茶」が由来で、「サンサカ、サンザカ」の読みがなまったといわれます。よく似ているツバキとは花期が違うほか、花が散るとき花弁（かべん）がばらばらに落ち、子房が短毛に覆われた姿を観察できます。

 よく知られるタチカンツバキは、ツバキの名がありますがサザンカの園芸種とされています。

180

ハクウンボク【白雲木】

Styrax obassia　エゴノキ科

別名：オオバヂシャ
分布：北海道、本州、四国、九州
樹高：6〜15m
花期：5〜6月

●葉身は長さ10〜20cm、幅6〜20cm。
葉先は短く尖り、鋸歯は不規則で小さい。
表面の脈上に毛、葉裏全面に毛がある

35%

明るい緑の葉に白花が映えます

葉は大きく、互生します

長い花序に白い花を 穂のようにつけて咲く

山地の落葉樹林に生える落葉小高木・高木で、庭木や公園、寺院などに多く植えられています。今年伸びた枝に8〜17cmほどの長い花序（かじょ）を下げ、白色の花を20個ほどつけます。花は下向きに咲き、花の中心に黄色い雄しべが見えます。材はろくろ細工などに利用し、種子からはロウソクをつくります。白い花が群がるように咲く姿を、白い雲に見立ててついた名前です。

樹皮は灰黒色。若木では滑らかで、古くなると縦に浅く裂けます

不分裂

鋸歯縁

互生

　冬芽は葉柄の基部に包まれており、葉が落ちるまで見えません。これを葉柄内芽といいます。

ハシバミ【榛】
Corylus heterophylla var. *thunbergii*　カバノキ科

別名：オヒョウハシバミ
分布：北海道、本州、九州
樹高：1〜2m
花期：3〜4月

雄花序は長さ3〜7cm。雌花は赤い柱頭の一部が出ます

●葉身は長さ6〜12cm、幅5〜12cm。葉先は鋭く尖る。縁に粗い鋸歯あるいは不規則な重鋸歯がある。表に毛があるがのちに無毛、裏には短毛がある

70%

●葉の付け根は浅いハート形

大きなものでは5mほどに生長します

樹皮は灰褐色です

不分裂

鋸歯縁

互生

ツノハシバミよりずっと少なく、なかなか出合えない木

山地の日当たりのよい場所に生える落葉低木です。葉の展開前に開花します。雌雄同株で、雄花序は柄がなく前年枝から垂れ下がり、雌花序は苞の内側に1つずつつきます。葉はツノハシバミ（P.183）より幅広く、広卵形をしています。ハシバミの仲間の果実はいずれも古くから食用とされ、ヘーゼルナッツはヨーロッパ原産のセイヨウハシバミの果実です。

 葉がオヒョウ（P.26）に似ることから、オヒョウハシバミともよばれます。

ツノハシバミ【角榛】

Corylus sieboldiana var. *sieboldiana*　カバノキ科

落葉

別名：ナガハシバミ
分布：北海道、本州、四国、九州
樹高：2〜3m
花期：3〜5月

●葉身は長さ5〜11cm、幅3〜7cm。葉先は急に鋭く尖り、不ぞろいの重鋸歯がある。表は光沢がなく無毛、裏は脈上や脈腋に毛がある

80%

果実は、くちばし状に伸びた果苞に包まれています。この形が名前の由来です

春に5〜13cmほどの雄花序が垂れ下ります

面白い形の実を見つけられれば、この木だとすぐわかる

山地の日当たりのよい林縁に生える落葉低木で、雌雄同株（しゆうどうしゅ）です。くちばしのように尖った果実が1〜4個集まってつき、中の実（堅果（けんか））が食用となります。果実を観賞するために、庭木として植えられることもあります。葉の展開前に開花し、雄花序（ゆうかじょ）は葉腋（ようえき）から1〜4個集まって垂れ下がり、雌花からは赤い柱頭（ちゅうとう）が出ます。

株立ち状になります

若葉には、葉の中央に赤紫色のまだらが出ます。

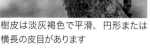
樹皮は淡灰褐色で平滑、円形または横長の皮目があります

不分裂

鋸歯縁

互生

ハナイカダ【花筏】

Helwingia japonica　ハナイカダ科

落葉

別名：ママッコ、ヨメノナミダ
分布：北海道、本州、四国、九州
樹高：1〜3m
花期：4〜6月

●葉身は長さ3〜16cm、幅1.5〜6cm。葉先は尾状で鋭く尖り、無毛。浅い鋸歯の先は糸のようになる

75%

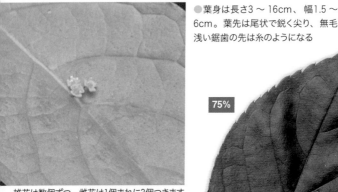

雄花は数個ずつ、雌花は1個まれに3個つきます

上部で数多く枝分かれします

●果実は核果で、熟すと紫黒色となり、葉のほぼ中央につく

葉の真ん中に花や実がつく不思議な低木

葉の中央に花がつき、名前も葉に花が乗った様子からつけられました。丘陵から山地にかけてのやや湿った林内や沢筋などに生える落葉低木で、庭木や鉢植えとして植えられます。雌雄異株で、葉の表の主脈（みゃく）の中央付近に淡緑色の小さな花をつけます。葉の基部（きぶ）から花のついた部分までに幅広い脈が見えますが、これは葉腋から出た花柄（かへい）が葉の中央脈と融合したものです。

不分裂

鋸歯縁

互生

樹皮は緑色で滑らか。皮目があります

 花は茶花として利用されます。若葉を食用にすることがあります。

ハルニレ【春楡】

Ulmus davidiana var. *japonica*　ニレ科

別名：ニレ、エルム、アカダモ
分布：北海道、本州、四国、九州
樹高：20〜30m
花期：3〜5月

● 葉身は長さ3〜15cm、幅2〜8cm。葉先は急に鋭く尖り、重鋸歯がある。表に毛が生え、ざらつく。葉裏の脈沿いに毛がある

90%

● 葉の基部は左右不ぞろい

果実は翼果で中央部分が膨らみ、先端がへこみます。風に乗って飛ばされます

花のあと、早くも5〜6月には果実が成熟します

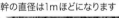

幹の直径は1mほどになります

アイヌ文化に登場する木。これで火をおこす

単にニレとよばれることが多く、エルムの名でも親しまれています。平地から山麓にかけてふつうに生える落葉高木で、特に北の地域に多く見られ、公園樹や街路樹として植えられます。葉の展開前に、前年枝の葉腋に小さな花を7〜15個つけます。材の利用価値はあまりありませんが、家具材やフローリングなどに使われます。

樹皮は灰色。縦に割れ目が入り、不規則な鱗片状にはがれ落ちます

不分裂

鋸歯縁

互生

　名前は、「春に花を咲かせるニレの木」ということから。英名はJapanese elm。

ハンノキ【榛の木】

Alnus japonica　カバノキ科

別名：ハリノキ
分布：北海道、本州、四国、九州、沖縄
樹高：15〜20m
花期：暖地では11月、寒冷地では4月

雄花序は下垂し、雌花序は赤く上向きにつきます

●葉身はややかたく、長さ5〜13cm、幅2〜5.5cm。葉の先端は尖り、不ぞろいの浅い鋸歯がある。表は無毛で側脈がくぼむ。裏は側脈が突出し毛が生えている

原寸

●葉裏は側脈が隆起している

幹の直径は10〜60cmになります

不分裂

鋸歯縁

互生

樹皮は紫褐色で、不規則に浅い割れ目があり、はがれます

水田に適した場所に自生。伐採され、田んぼに様変わり

低湿地や湿原など地下水位の高い場所に生え、公園にも植えられる落葉高木です。葉の展開前に開花し、雄花序の下に雌花序をつけます。種子は風で運ばれます。材は建築材などに利用され、果穂は染料になります。別名のハリノキの由来は不明で、開墾を意味する「ハリ」からついたという説があります。これが変化してハンノキとなったようです。

 根粒を持ち、中の菌類が窒素を固定し養分をつくるので、痩せた土地でも生育できます。

ヒメシャラ【姫沙羅】

Stewartia monadelpha　ツバキ科

別名：なし
分布：本州、四国、九州
樹高：15m
花期：5月

●葉身は長さ4～8cm、幅2～3.5cm。
葉の先端は鋭く尖り、低い鋸歯がある。
表の脈上に細かい毛がある

原寸

●裏は灰緑色で脈の
付け根に毛がある

花の直径は1.5～2cmほどです

幹の直径は60cmほどになります

木肌がひときわ美しく、山の妖精のようなたたずまい

淡赤褐色の美しい樹皮が特徴的で、庭木、公園樹として植えられる落葉高木です。日本固有種で、山地のブナ林に生え、伊豆半島の天城峠付近に多く見られます。今年伸びた枝のやや下方の葉腋に、白い花を1個上向きにつけます。ナツツバキ（P.178）に似ていますが、本種の花や葉は全体に小ぶりなので区別できます。材は床板などに利用されます。

樹皮は淡赤褐色で滑らか。小さな薄片状にはがれます

不分裂

鋸歯縁

互生

 箱根が北限ですが、個体数が多く箱根を代表する樹です。

フサザクラ【総桜、房桜】
Euptelea polyandra　フサザクラ科

別名：タニグワ
分布：本州、四国、九州
樹高：7〜8m
花期：3月下旬〜4月

花は暗褐色で線形の葯（やく）が目立ちます

35%

●葉身は長さ、幅ともに4〜12cm。葉の先端は尾のように長く伸び、不ぞろいな粗い鋸歯がある

葉は長枝で互生、短枝では枝先に集まります

不分裂

鋸歯縁

互生

樹皮は褐色で、横長の皮目が目立ちます

木肌は似ているが、サクラとは別の科

名前は房状に咲く花と、サクラに似た木肌にちなみます。山崩れなどで荒れた土地にいち早く生えるパイオニア植物です。谷筋や崩壊地などの痩せた土地に生える風媒花（まれに虫媒花）で、落葉小高木です。葉の展開前に、短枝の先に5〜12個の花が集まってつきます。花弁や萼がなく多数の葯を持った雄しべが垂れ下がります。材は建築材や船舶材などに利用されます。

　葉の形がクワに似ていることから、クワのつく別名が地方に多くあります。

マタタビ【木天蓼】

Actinidia polygama　マタタビ科

落葉

別名：なし
分布：北海道、本州、四国、九州
樹高：5m（つるの長さ）
花期：6〜7月

●葉身は薄く、長さ6 〜 15cm、幅3.5 〜 8cm。葉先は鋭く尖り、とげ状の小さな鋸歯がある

70%

つるは紫黒色。線形や楕円状の皮目がたくさんあります

花の直径は2 〜 2.5cm

よく枝分かれします

ネコの好む植物としても知られる

落葉つる性木本で、山地や丘陵の林縁に生えます。枝の中ほどの葉腋に、芳香のある白い花を下向きにつけます。雄しべは多数あり、葯（やく）は黄色です。果実は、果実酒のほか塩漬けにして酒の肴などにします。また、果実にできた虫こぶは漢方薬として利用します。花期に、花粉（かふん）を運んでくれる虫たちに花のありかを教えるため、枝上部の一部の葉が白色になります。

くらべる

サルナシ【猿梨】

別名コクワ。 大型の落葉つる性木本で、北海道〜九州の林内にふつうに生える。 つるが丈夫なため、徳島県の名所「かずら橋」（吊り橋）の材料に使われている。

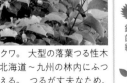

不分裂

鋸歯縁

互生

 旅人が実の香りで回復しまた旅を続けたことからなど、名の由来は諸説あります。

ミズメ【水芽】
Betula grossa カバノキ科

別名：アズサ、ヨグソミネバリ、アズサカンバ
分布：本州、四国、九州
樹高：15〜25m
花期：4月

雄花序は長さ5〜7cm。花は黄褐色

幹の直径は30〜70cmになります

樹皮は暗灰色で滑らか。長い皮目が横にありサクラの樹皮に似ます。老木では割れ目が入りはがれます

●葉身は長さ3〜10cm、幅2〜8cm。葉の先端は鋭く尖り、縁に重鋸歯がある。葉裏の脈上に毛が生える

原寸

不分裂

鋸歯縁

互生

透明な樹液には芳香があり、材は高い弾力性を持つ

枝や幹を傷つけると、サリチル酸メチル入りの湿布薬のような香りがする水状の樹液を出し、名前の由来にもなっています。山地に生える落葉高木、日本固有種です。葉の展開と同時に開花し、雄花序を長枝の先に下垂し、円柱形の雌花序を短枝の先に直立します。材は緻密で重く、建築材、家具材、器具材などに利用されます。

 かつては梓弓（古代の神事や魔よけに使う弓）に用いられました。

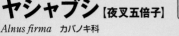

ヤシャブシ【夜叉五倍子】

Alnus firma カバノキ科

別名：なし
分布：本州、四国、九州
樹高：8〜15m
花期：3〜4月

●葉身は長さ4 〜 10cm、幅2 〜 4cm。葉の先端は鋭く尖り、縁に重鋸歯がある

原寸

雌花序には淡緑色の苞が密生します

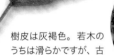

樹皮は灰褐色。若木のうちは滑らかですが、古くなるとはがれ落ちます

幹の直径は10 〜 30cmになります

防砂地の植栽用樹木としてよく利用される

山地に生える落葉高木で、日本固有種です。砂防樹、緑化樹などとして植えられます。葉の展開と同時に開花し、柄がない雄花序が枝先から下垂します。雌花序には柄があり、雄花序より下に直立か斜上してつきます（オオバヤシャブシは上側につきます）。材は箸や櫛、工芸品などに加工され、タンニンを多く含む果穂は染料に利用されます。

くらべる

オオバヤシャブシ【大葉夜叉五倍子】

葉身は長卵形

同属のヤシャブシより、葉が大きい（長さ6 〜 12cm、幅3 〜 6cm）。果実が1個ずつ雄花序より上につくことも、ヤシャブシとの相違点である。

不分裂

鋸歯縁

互生

 ヒメヤシャブシは葉の側脈が20〜26対と多く、果実が総状に3〜6個ついて下垂します。

ヤマブキ【山吹】

Kerria japonica　バラ科

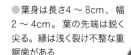

別名：なし
分布：北海道、本州、四国、九州
樹高：1〜2m
花期：4〜5月

●葉身は長さ4〜8cm、幅2〜4cm。葉の先端は鋭く尖る。縁は浅く裂け不整な重鋸歯がある

原寸

鮮黄色の花弁は5枚。円内はヤエヤマブキ

●表の葉脈はへこみ、裏は突出

今年枝には稜があり、はじめは緑色で古くなると褐色に変化します

幹は多数叢生し、株立ちになります

くらべる
シロヤマブキ【白山吹】

シロヤマブキが属するバラ科シロヤマブキ属は、この1種のみ。白色の花弁は4枚で、葉は側脈がへこみシワが目立つ。

不分裂

鋸歯縁

互生

野趣の美しさを持ち、古くから愛されてきた花

古くから栽培され、『万葉集』では18首に詠まれています。山地の谷沿いなど湿った場所に生え、庭木や公園樹として広く植えられる落葉低木です。花や葉は利尿薬とされます。9月頃、茶褐色の果実が熟しますが、八重咲きの園芸品種ヤエヤマブキは実がならず、そこから農家の娘が太田道灌へ送った「貧しさゆえ蓑もあげられない」という有名な歌が生まれました。

〽七重八重 花は咲けども 山吹の 実のひとつだに なきぞ悲しき（「実の」と「蓑」が掛け言葉）

リョウブ【令法】

Clethra barbinervis　リョウブ科

別名：ハタツモリ
分布：北海道、本州、四国、九州
樹高：3〜6m
花期：6〜8月

● 葉身は長さ6 〜 15cm、幅2 〜 7cm。葉の先は鋭く尖り、鋭く尖った鋸歯がある

原寸

萼片は5枚。花序は長さ10 〜 20cm

葉は互生し、枝先に集まってつきます

樹皮のまだら模様で、ほかの木との区別は簡単

樹皮がまだらにはがれ白色の花を多数つける姿が美しく、庭木や公園樹などに植えられます。丘陵や山地の尾根などの乾いた落葉樹林内に多く生える落葉小高木です。枝先に数本の花序をやや円錐状に出し、たくさんの花をつけます。樹皮はナツツバキ(P.178)に似ています。なお、きれいにはがれないものもあります。幼芽は、天ぷらなどにして食べられます。

樹皮は茶褐色。古くなると不規則な薄片となってはがれ落ち、まだら模様になります

不分裂

鋸歯縁

互生

 名前は令法の転訛で、救荒食物として採取・貯蔵を命じた法令に由来するともいわれます。

アセビ【馬酔木】

Pieris japonica subsp. *japonica*　ツツジ科

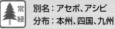

常緑

別名：アセボ、アシビ
分布：本州、四国、九州
樹高：1.5〜4m
花期：4〜5月

花冠は細い壺形で、先が浅く5裂します

●葉身は長さ3〜10cm、幅1〜2cm。葉の先は鋭く尖り、上半部に低く浅い鋸歯がある

原寸

枝の先端に果実をつけます。9〜10月に熟します

葉は互生で、枝先に集まってつきます

不分裂

鋸歯縁

互生

樹皮は灰褐色。縦に裂け目が入ります

山地よりも、植え込みや公園でよく見かける都会派の木

庭木や盆栽としてよく利用される常緑低木・小高木です。山地の、日当たりがよく岩の多い場所に生える有毒植物で、葉は苦みがあります。枝先の葉腋から円錐状の花序を垂らし、白色の花を多数つけます。漢字名は「馬酔木」と書き、馬が葉を食べると酔ったような足取りになるため、アシシビ（足癈）から転じてアセビになった、など名前の由来には諸説あります。

　以前はアシビと呼んでいましたが、アシは「悪し」に繋がるのでアセビとなりました。

アラカシ【粗樫】

Quercus glauca ブナ科

常緑

別名：クロガシ
分布：本州、四国、九州
樹高：20m
花期：4〜5月

●葉身は長さ7〜12cm、幅3〜5cm。葉先はやや尖り、上半部に大きめの鋸歯がある

原寸

雄花序は長さ5〜10cm。軟毛が密生します

樹皮は灰褐色〜暗灰色。皮目や小さな浅い割れ目があります

幹の直径は60cmになります

山麓で最もふつうに見られるカシの仲間

山野に自生し、しばしばスダジイ（P.86）やツブラジイと混じって生える常緑高木で、放置されているコナラの雑木林などに侵入し始めています。生け垣や庭園樹として植えられます。雄花序は今年枝の下部に数個垂れ下がり、雌花序は今年枝の葉腋に直立します。かつては救荒食物とされ、砕いた果実を粉にし、あく抜きをしてデンプンを固めて食用にした地域があります。

📖 フィールドノート

アラカシの冬芽は紅褐色をしており、枝先に数個つく。鱗片が5列にびっしりと並び、上から見ると丸みを帯びた五角形のように見える。

不分裂

鋸歯縁

互生

 枝葉が粗くかたいカシという意味でアラカシと名前がつけられました。

195

シラカシ【白樫】
Quercus myrsinifolia ブナ科

別名：なし
分布：本州、四国、九州
樹高：20m
花期：5月

常緑

●葉は質がややかたい。葉身は
長さ7〜14cm、幅2.5〜
4cm。葉先は鋭く尖り、
縁の上半分にやや鋭く
浅い鋸歯がまばら
にある

原寸

雄花序(写真)は下垂、雌花序は穂状で直立
します

幹は直径80cmほどになります

●葉の裏は灰緑色

不分裂

鋸歯縁

互生

樹皮は灰黒色。縦に並んだ皮目があ
りざらつきます。割れ目はありません

関東では、垣根や防風林に使われる

山地に生え、庭木や生け垣、防風林、街路
樹、公園樹などとして植えられる常緑高木
です。雄花序は今年枝や短枝から垂れ下
がり、雌花序は今年枝の葉腋に直立します。
どんぐりは年内に実ります。材はカンナの
台といった器具材やシイタケのほだ木など
に利用されます。ウラジロガシ(P.199)
とは、葉の裏側の色がそれほど白くなく、
鋸歯があまり尖らない点で区別します。

アカガシ(P.74)に比べて材の色が淡いため「シラカシ」と名づけられました。

196

05
どんぐりの話

●どんぐりは森の恵み

子どもの頃、近くの雑木林に行ってよく拾って集めた方も多いのではないでしょうか？　筆者には箱の中に入れておいたどんぐりからウジムシのようなものがうじゃうじゃ出てきて、知らずに箱をあけた家族を驚かせたという思い出があります。この虫はコナラゾウムシの幼虫で、どんぐりに穴をあけて産卵しふ化した幼虫はどんぐりの実を食べて育ちます。どんぐりは、森にすむ動物や虫の貴重な食料であり、私たち人間もご相伴にあずかることがあります。

●どんぐりは果実

どんぐりは、ブナ科のナラ属とマテバシイ属の果実の総称で、シイ属、クリ属、ブナ属の果実も含めてよぶ場合もあります。コナラ属とマテバシイ属のどんぐりはよく似ていますが、シイ属、クリ属、ブナ属では形が違います。実の部分を堅果、下にあるお皿のようなものを殻斗といい、種によって形が違います。植物は種子をいかに遠くまで運ぶか散布の手段を工夫していますが、どんぐりは重力散布といってその重みで木から落下し、さらに動物に食べ

春、芽を出したシラカシのどんぐり

てもらう動物摂食散布方式を取り入れています。大量の果実をつくり、動物たちが運び貯蔵したものや食べ残したものが発芽し生長します。

アカガシ
殻斗にビロード状の毛があり、はっきりとしたしまが見える

ウバメガシ
殻斗は鱗状。堅果の先端に、鋸歯がある

シリブカガシ
堅果のおしりが少しへこんでいる。殻斗は鱗状

シラカシ
殻斗はしま状。殻斗が深く堅果にかぶさっている

イチイガシ【一位樫】

Quercus gilva ブナ科

常緑	別名：なし
	分布：本州、四国、九州
	樹高：30m
	花期：4〜5月

雌花序。数個の花を穂状につけます

●葉身は長さ6〜14cm、幅2〜4cm。葉先は鋭く尖り、上半部に鋭い鋸歯がある

90%

●裏には黄褐色の毛が密に生え、主脈は裏に突出する

幹の直径は1.5mほどになります

不分裂

鋸歯縁

互生

樹皮は灰黒褐色。皮目が多く、大小さまざまな薄片となってはがれ落ち、波状の紋様ができます

神木として、神社などによく植えられる木

古くから神社の境内では御神木として祀られていることも多い樹木で、庭木や公園樹として植えられます。九州に多く見られる暖地性の常緑高木で、山地に生え、谷間の湿って肥えた場所では大木が見られます。今年枝の下部に雄花序が垂れ、上部に雌花序がつきます。葉裏に黄褐色の星状毛が密生し、主脈が目立ちます。堅果は年内に実り、渋みがなく食べられます。

堅果は縄文時代から食料にされているにもかかわらず、『万葉集』に詠まれているのは1首のみ。

ウラジロガシ【裏白樫】

Quercus salicina ブナ科

常緑

別名：なし
分布：本州、四国、九州、沖縄
樹高：20m
花期：5月

●葉の質はやや薄い。葉身は長さ9 ～ 15cm、幅2.5 ～ 4cm。葉の先は鋭く尖り、縁の上部2/3に浅くやや鋭い鋸歯がある

90%

雄花序の長さは5 ～ 7cm。雌花序は穂状

●裏に黄褐色の毛が生えるが、のちにロウ質を出して粉白色となる

幹は直径80cmほどになります

葉が波打っており、ほかのカシ類との見わけは簡単

山地に生え、土の薄い場所でも生育できるため、尾根筋などにも見られる常緑高木です。庭木や生け垣、公園樹として植えられます。葉はシラカシ（P.196）と似ていますが、本種は鋸歯が鋭く尖り、葉の裏がより白く、縁が波打ちます。また、冬芽がシラカシの卵形に対し長楕円形です。葉が民間薬として利用されることがあります。

樹皮は灰黒色で、白い円形の皮目があります

不分裂

鋸歯縁

互生

 葉の裏側からロウ質を出して白っぽくなることから、この名前がつけられました。

ウバメガシ【姥目樫】

Quercus phillyraeoides　ブナ科

常緑

別名：イマメガシ、ウマメガシ
分布：本州、四国、九州、沖縄
樹高：3〜5m
花期：4〜5月

雄花序は長さ2〜3cm

●葉身は長さ3〜6cm、幅2〜3cm。葉先はやや尖るか円みを帯びる。縁の上半分に浅い鋸歯がまばらにある

原寸

●主脈に毛が生えるが、のちに無毛となる

幹の直径は60cmほどになります

不分裂

鋸歯縁

互生

樹皮は黒褐色。老木では縦に浅く裂けます

若葉の褐色から老女を連想して、名づけられた木

暖地の海岸近くの山地に生え、街路樹や生け垣などとしてよく植えられる常緑小高木です。乾燥した土地で育つため、環境に適応して葉は厚く、水分の蒸発を防いでいます。新葉の展開とともに開花します。若芽はタンニンを多く含み、昔はお歯黒の媒染剤（ばいせんざい）に利用しました。ナラ枯れ病で枯れるものが出てきており、今後が心配されています。

材は生長が遅いのでかたくなり、最高級品の炭とされる備長炭の原料になります。

イヌツゲ【犬黄楊】

Ilex crenata var. *crenata*　モチノキ科

常緑

別名：なし
分布：本州、四国、九州
樹高：2〜6m
花期：6〜7月

●葉身は長さ1〜3cm、幅5〜15mm。葉先はあまり尖らず、縁に浅い鋸歯が数個あり無毛。葉の質はやや薄い

原寸

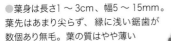

80%

●葉は互生し、葉柄は短い

雄花序の花序軸は長さ5〜15mm

まれに高さ15mほどになります

目立たない小さな花が無数につく

庭木や盆栽などとして利用される常緑低木・小高木で、まれに高木となります。山地の日当たりのよい林縁や草地に生え、樹皮からは鳥もちが採れます。葉腋から花序を出し、淡黄白色の花をつけます。ツゲ科のツゲ（P.102）によく似ているため、間違えて庭に植えられていることもあります。本種は、葉が互生で鋸歯がある点でツゲと区別できます。

樹皮は灰黒色で、皮目がたくさんあります

不分裂

鋸歯縁

互生

 ツゲ（ツゲ科）に似ているが、ツゲより材の質が劣ることからついた名前です。

カナメモチ【要黐】
Photinia glabra　バラ科

別名：アカメモチ
分布：本州、四国、九州
樹高：5m
花期：5〜6月

常緑

花序の直径は10cmほど

●葉身は長さ7〜12cm、幅2〜4cm。葉の先は鋭く尖り、縁に細かい鋸歯がある。無毛

原寸

樹皮は暗褐色。老木になると縦に浅く裂けます

こんもりした樹形です

不分裂

鋸歯縁

互生

くらべる

レッドロビン

カナメモチとオオカナメモチの交配種。乾燥に強く、生け垣などに利用される。若葉の赤色はアントシアニン（紫外線から組織を守るはたらきをする抗酸化物質）による。

きれいに刈り込んで垣根や庭木でよく使われる

春に若葉が赤く出てくる姿が美しく、生け垣としてよく植えられます。山地の斜面や乾燥した尾根筋、沿岸地などに生える常緑小高木です。枝先から花序を出し、わずかに紅色がかった小さな花を多数つけます。和名は、材が扇の要に使われていたためという説があります。別名アカメモチは、若葉が赤くモチノキ（P.90）に似ているからともいわれます。

材はかたく、アサダ（P.203）と同様、日本産の木材では最も比重の大きなもののひとつです。

アサダ【—】

Ostrya japonica カバノキ科

別名：ハネカワ、ミノカブリ
分布：北海道、本州、九州
樹高：15〜20m
花期：5月

●葉身は長さ6〜12cm、幅3〜6cm。狭卵形で先は短く尖り、縁には不規則な鋸歯がある

原寸

雄花序は黄色、雌花序は緑色

ほぼまっすぐに伸び、直径30cmほどになります

漢名「鉄木」。日本に産する樹木で最も重い木のひとつ

山地に生える落葉高木です。やや珍しい木で、東京都では高尾山の1号路で見られます。樹皮に特徴があり、トウカエデ（P.47）のように縦割れして鱗状の薄片となってはがれ落ちるので、ほかの木とすぐに区別できます。雌雄同株で雄花序は前年枝から垂れ下がり、雌花序は今年枝の先端につきます。材は密でかたく光沢があり、床板といった建築材や家具材などに使われます。

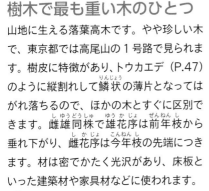

樹皮は暗紫褐色。浅く縦に裂けて薄片に割れ、はがれ落ちます

不分裂

鋸歯縁

互生

和名の由来は不明ですが、別名のミノカブリやハネカワは樹皮の様子からつきました。

シャリンバイ【車輪梅】

Rhaphiolepis indica var. *umbellata* バラ科

常緑

別名：タチシャリンバイ
分布：本州、四国、九州、沖縄
樹高：1〜4m
花期：4〜5月

花序に白色の花を多数つけます

● 葉身はかたく、長さ4〜8cm、幅2〜4cm。無毛で、縁には細かい鋸歯があるか全縁

● 葉先の形は変化が多く、円いものから尖るものまである

原寸

一見、葉は輪生に見えますが、実は互生です

不分裂

鋸歯縁

互生

樹皮は灰黒色です

果実はブルーベリーにも似ていますが、食用には向きません。中にふつう1個の種子があります

丈夫で花や実も楽しめるため、植え込みでよく見かける

花がウメ（P.132）に似ており、枝と葉が車輪状に集まるのでこの名がつきました。海岸や海岸に近い山地に生え、庭木や公園樹として植えられる常緑低木・小高木です。葉が丸いものをマルバシャリンバイともよびますが、中間的な形状もあり最近は区別していません。果実は球形で、黒紫色に熟し表面は白色の粉をふいたようになります。

 奄美地方では樹皮を大島紬の染料にします。染めを繰り返すと深みのある色が生まれます。

タラヨウ 【多羅葉】

Ilex latifolia　モチノキ科

別名：モンツキシバ
分布：本州、四国、九州
樹高：7〜10m
花期：5〜6月

● 葉の質は厚く大きい。葉身は長さ10
〜17cm、幅4〜7cm。葉先は短く尖り、
鋭い鋸歯がある。表は光沢がある濃緑色、
裏は黄緑色で側脈は不明瞭。
両面とも無毛

50%

樹皮は灰褐色
で滑らかです

花序に小さな黄緑色の花を多数つけます

枝が横に張り、こんもりと茂ります

"郵便局の木" に定められた木。切手を貼れば投函可能

山地の常緑樹林内に生え、庭木にもされる常緑小高木・高木で、樹皮から鳥もちが採れます。雌雄異株で、前年枝の葉腋に短い枝を出して花序（かじょ）をつくり、小さな花を多数つけます。葉の裏を傷つけると黒く変色し、文字を書くことができます。そこからインドでタラジュ（多羅樹）という木の葉に経文を書いたことになぞらえて、タラヨウ（多羅葉）と名づけられました。

 枝に赤い小さな果実が鈴なりにつきます。

📖 フィールドノート

かつては日本でも葉裏に経文を書いたり、あぶって占いに使ったりしたことからか、特に寺院でよく見かける。このことが「葉書」の語源になったという説もある。

不分裂

鋸歯縁

互生

チャノキ【茶の木】

Camellia sinensis ツバキ科

常緑

別名：チャ
分布：中国原産、各地に植栽
樹高：1〜2m
花期：10〜11月

●葉の質はかたい。葉身はかたく、長さ5〜9cm、幅2〜4cm。葉先はやや尖り、波状の細かい鋸歯がある

原寸

果実はゆがんだ球形をしています

雄しべは多数、葯（やく）は黄色

株立ち状になります

樹皮は灰白色で滑らかです

不分裂

鋸歯縁

互生

栽培目的で植えられたが、各地で野生化している

12世紀に僧侶の栄西（えいさい）が中国から本種の種子を持ち帰ったことから、日本での茶の栽培と飲用の習慣が始まったといわれます。栽培のほか、庭木、生け垣などとして植えられる常緑低木です。花は下向きに咲き、花弁（かべん）は白色で5〜7枚あり、ほぼ円形で先がくぼんでいます。摘んだ若葉を蒸してもみ乾燥させたものが緑茶、発酵させたものは紅茶やウーロン茶などになります。

 漢名の茶を音読みして、この名前がつけられました。英語のteaも漢名の音に由来します。

トキワサンザシ【常磐山櫨子】

Pyracantha coccinea バラ科

常緑

別名：ピラカンサ
分布：西アジア原産、各地に植栽
樹高：6m
花期：5〜6月

●葉身は長さ2〜4cm、幅1cm前後。葉の先は円く、低い鋸歯がある。両面ともに無毛

原寸

深紅の果実を枝いっぱいにつけます

枝先に出した花序に小さな花を多数つけます

枝先にとげ状の短枝があります

美しく赤い果実が目を引く。生花店にも並び冬の風物詩

初夏に白色の花が咲き、秋遅くに真っ赤に色づいた果実をつける常緑小高木です。花や実を楽しむ樹木として、庭木や生け垣として植えられます。枝は細かく分かれて伸び、とげ状になった短枝をつくります。園芸品種が多数あり、同属のタチバナモドキ、ヒマラヤトキワサンザシなどと本種を合わせて、属名のピラカンサと総称されることもあります。

樹皮は灰黒色で滑らかです

不分裂

鋸歯縁

互生

果実は鳥の好物で、冬にはヒヨドリなどの野鳥がついばむ姿が見られます。

207

マンリョウ【万両】

Ardisia crenata サクラソウ科

別名：なし
分布：本州、四国、九州、沖縄
樹高：0.3〜1m
花期：7〜8月

常緑

三角形状に集まった黄色い雄しべがのぞきます

●葉身は長さ2〜4cm、幅1cm前後。葉先は円く、低い鋸歯がある

原寸

秋から冬にかけて、たくさんの果実を柄からぶら下げるようにつけます

若い枝は緑色で滑らか。茎は灰褐色でゴツゴツしています

直立した茎の上部にまばらに小枝が出ます

不分裂

鋸歯縁

互生

くらべる

センリョウ【千両】

センリョウ科の常緑低木で、夏に花弁や萼のない黄緑色の花が咲き、冬に赤い果実が熟する。果実が黄色いキミノセンリョウや斑入り品種もある。

縁起物として、正月の飾り物にする

マンリョウ（万両）は、センリョウよりも果実が美しいことから名前がつけられました。縁起物として正月の飾りに利用され、庭木や鉢植えなどにされる常緑低木です。枝の先に散房状（さんぼうじょう）の花序（かじょ）をつけ、白い花を咲かせます。白色の果実をつけるシロミノマンリョウ、黄色や橙色の果実をつけるキミノマンリョウといった品種もあります。

 マンリョウ、センリョウとアリドオシの寄せ植えは、「千両、万両、有り通し」という縁起担ぎ。

06
縁起物の赤い実いろいろ

彩りが少ない冬、散歩中にマンリョウやセンリョウといった美しく赤い果実を見つけるとうれしくなります。また、縁起物として正月飾りにも欠かせません。冬に赤い実をつけ、人気が高い樹木はほかにもたくさんあります。数字でランクづけされた名前を持つ品種が多いのも面白いですね。

■ カラタチバナ【唐橘】
Ardisia crispa　サクラソウ科

「百両」という俗称（愛称）がある。高さ20～70cm。茎は枝分かれせず、直立する。葉の縁は波状歯があって歯間に腺点がある。花は白色。果実は11月頃赤く熟す。本州（茨城県以西）～沖縄に分布。

■ ヤブコウジ【藪柑子】
Ardisia japonica　サクラソウ科

「十両」という俗称（愛称）がある。高さ10～30cmで直立、葉は互生で茎の上部に輪生状につく。7～8月に下向きに白色の花をつける。果実は10～11月に赤く熟す。北海道～九州に分布。

■ アリドオシ【蟻通し】
Damnacanthus indicus var. indicus　アカネ科

高さ20～60cm。葉は対生。節に長さ5～20mmのとげがあり、葉の2/3より長い。花は白色で漏斗形、4～5月、枝先または葉腋に2個つく。果実は球形で赤熟。本州（関東以西）～九州に分布。

■ ツルコウジ【蔓柑子】
Ardisia pusilla　サクラソウ科

「一両」という俗称（愛称）がある。高さ10～15cm。茎は横にはい、枝、葉ともに軟毛がある。花期は6～8月で、白色の小さな花を下向きにつける。果実は球形で、12月頃赤熟する。本州（千葉県以西）～沖縄に分布。

209

イズセンリョウ【伊豆千両】

Maesa japonica サクラソウ科

常緑

別名：ウバガネモチ
分布：本州、四国、九州、沖縄
樹高：5m
花期：4〜5月

花は黄白色で葉腋から出た花序に多数つけます

枝は倒れているものが多く見られます

樹皮は紫褐色、若い小枝は緑色で皮目があります

不分裂

鋸歯縁

互生

● 葉身は長さ5〜17cm、幅2〜5cm。長楕円形、まばらに低い波状の鋸歯があり、ときに全縁

原寸

果実は球形で、直径約5mm、残っている萼に包まれます

伊豆で名がついた。白い果実のセンリョウ

関東以西の暖地の常緑樹林内や林縁にふつうに生える常緑小高木で、雌雄異株です。まれに庭木にします。茎はあまり枝分かれせず、倒れるように生えるものが多く、まとまりのない樹形をしています。葉腋から花序を出し、黄白色の花を多数つけます。液果は晩秋から冬にかけて白色に熟し、先に花柱が残っています。中には0.5mmの黒い種子が多数あります。

伊豆半島の伊豆山神社（熱海市、熱海駅から北東1.5km）に多いことからついた名です。

イヌコリヤナギ【犬行李柳】

Salix integra ヤナギ科

別名：なし
分布：北海道、本州、四国、九州
樹高：2〜3m
花期：暖地で3月、北海道では5月

●葉身は長さ4〜10cm、幅1.3〜2cm。葉の先はあまり尖らず、浅い鋸歯がある。無毛で、表は緑色、裏は粉白色

原寸

●葉柄はほとんどない

白い綿毛がついた種子

雄花序は2〜3.5cm、雌花序は1.5〜2.5cm

葉は対生ですが、まれに互生です

日光と湿地が好き。新緑の頃に白い綿毛を飛ばす

水辺や湿潤な場所にふつうに見られる落葉低木です。繁殖力が強く、護岸として小川近くに植えられるほか、乾燥した場所でも育ち刈り込みにも耐えるので、生け垣として利用されます。雌雄異株で、葉の展開に先立って、細長い円柱形の花序（かじょ）を斜上あるいはほぼ水平に伸ばし、花を密につけます。5月には、白い綿毛のついた種子（柳絮（りゅうじょ））が空を漂います。

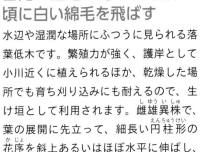

樹皮は暗灰色で、表面は滑らかです

不分裂

鋸歯縁

対生

柳行李の材料となるコリヤナギに対し、役に立たないという意味でついた名です。

211

ウツギ【空木】
Deutzia crenata　アジサイ科

落葉

別名：ウノハナ
分布：北海道、本州、四国、九州
樹高：2m
花期：5〜7月

白色の花は、鐘形で直径約1cm

●葉身は長さ4〜9cm、幅2.5〜3.5cm。葉先は長く尖り、ごく細かい鋸歯がある。表には腺毛がある

原寸

樹皮は灰褐色。古くなると短冊状にはがれます

ほうき状に株立ちとなります

不分裂

鋸歯縁

対生

くらべる

ヒメウツギ【姫空木】

岸の岩上や山道沿いの岸壁などの湿った場所に生え、ウツギより1か月ほど早く咲く。葉はウツギより薄く、明るい緑色をしている。

アジサイと同じ科だが、葉はやや細め

山野の日当たりのよい道ばたや林縁、川沿いなどに生え、庭木として植えられる落葉低木です。葉は触ると厚く、表面には腺毛があるためざらつきます。花は生け花などに利用し、材は爪楊枝や木釘などに用います。枝先に円錐花序を出し、白色の花を多数つけます。名前の由来は、枝や幹が中空になることからウツギ（空木）とよばれたとされます。

旧暦4月（卯月）に花を咲かせるため、「ウノハナ（卯の花）」の別名がつけられました。

ノリウツギ【糊空木】

Hydrangea paniculata アジサイ科

別名：ノリノキ、サビタ
分布：北海道、本州、四国、九州
樹高：2〜5m
花期：7〜9月

落葉

● 葉身は長さ4〜10cm、幅2〜6cm。葉の先はやや尾のように尖り、細かい鋸歯がある

原寸

花序は円錐形で、長さ8〜30cm

幹の直径は15cmになるものもあります

かたい根はパイプの材料。
愛煙家によく知られていた

山地の日当たりのよい場所や草原の低木林、林縁などに生える落葉低木・小高木で、庭木として植えられます。材は爪楊枝や細工物などに利用されました。花はヤマアジサイのように両性花の周りに装飾花がつきます。花は白色で、本種の両性花はやや長い花序につき、装飾花の花弁状萼片はふつう4枚あります。ノリウツギ属として独立させる説もあります。

樹皮は灰褐色。縦に不規則に裂けてはがれ落ちます

不分裂

鋸歯縁

対生

 枝の内皮から採った粘液を、和紙をすく際の糊として利用しました。和名はこれにちなみます。

213

ガクアジサイ【額紫陽花】

Hydrangea macrophylla f. *normalis*　アジサイ科

別名：ガク、ガクバナ、ガクソウ
分布：本州、四国
樹高：2〜3m
花期：6〜7月

花序は直径10〜20cm

葉の質は厚く、株立ちになります

●葉の質は厚い。葉身は長さ10〜15cm、幅5〜10cm。葉の先は尖り、三角状の鋸歯があり、無毛

原寸

不分裂

鋸歯縁

対生

樹皮は灰褐色。縦にすじ状の浅い割れ目があり、薄くはがれます

海岸の岩場などで、淡い青紫の花が梅雨空を彩る

日本固有種で沿岸の林内や林縁に生え、庭木として植えられる落葉・半常緑低木です。今年枝の先につく花序に淡青紫色の小さな両性花をたくさん咲かせ、その周りを囲むように白色〜青紫色の装飾花がちりばめられます。園芸品種が多数つくられており、生け花にも利用されます。ヤマアジサイ（P.216）と比べて葉の光沢が強く、葉や枝など全体的に大きくなります。

 両性花の周りの装飾花を額縁に見立てたことから、「ガクアジサイ」の名がつきました。

タマアジサイ【玉紫陽花】

Hydrangea involucrata アジサイ科

別名：なし
分布：本州
樹高：2m
花期：7〜9月

●葉の質は厚い。葉身は長さ10〜25cm、幅4〜12cm。葉の先は尖り、歯牙状の細かい鋸歯があり、両面ともかたい毛がある

60%

花序は直径10〜15cm

株立ちになります

玉になったつぼみだけでも観賞にたえる美しさ

日本固有種で山地の林縁や沢沿いに生える、落葉低木です。関東地方の山地の沢沿いなどで群生を見ることができます。つぼみが総苞で包まれて玉のようになることから、この名があります。昔は、もんで乾かした葉をタバコの代わりにしたといわれます。ヤマアジサイ（P.216）と比べると葉が厚く両面にかたい毛が生えているので、触るとごわごわした感じがします。

樹皮は灰褐色〜淡褐色。薄くはがれます

不分裂

鋸歯縁

対生

初夏に、根元に寄生したキヨスミウツボ（ハマウツボ科）が見られることがあります。

ヤマアジサイ【山紫陽花】

Hydrangea serrata var. *serrata*　アジサイ科

別名：サワアジサイ
分布：本州、九州
樹高：1～2m
花期：6～7月

花序は直径5～10cm

株立ちになって茂ります

●葉身は長さ10～15cm、幅5～10cm。葉の先は尖り、粗い三角状または波状の鋸歯がある

80%

熟樹皮は灰褐色。
薄くはがれ落ちます

不分裂

鋸歯縁

対生

くらべる

コアジサイ【小紫陽花】

落葉低木で、高さ1～1.5m。明るい林縁や林内に生え、装飾花はなく、散房花序に多数の小さな淡紫色の花を6～7月に多数つける。

花や葉が小ぶり。半日陰に楚々と咲くアジサイ

山地の谷沿いなど湿った場所に生える落葉低木で、名前も山地に多く見られることに由来します。まれに花木として庭園に植えられています。枝先の花序に両性花と装飾花をつけます。花は白色あるいは青紫色、のちに淡紅色に変わるものもあります。タマアジサイ（P.215）とよく似ていますが、本種は葉が薄くてざらつきがなく、つぼみも小さめで全体に小ぶりです。

アジサイの花の色は、土壌が酸性だと青色、アルカリ性だと赤色が強くなります。

ツルアジサイ【蔓紫陽花】

Hydrangea petiolaris アジサイ科

別名：ゴトウヅル
分布：北海道、本州、四国、九州
樹高：10～20m（つるの長さ）
花期：6～7月

イワガラミとの区別ポイントは4枚の萼片（がくへん）

60%

木や岩などをはって伸びる落葉つる性木本です。イワガラミとよく似ていますが、葉の鋸歯（きょし）が細かく、花柱（かちゅう）は2～3本で、装飾花（そうしょくか）の花弁状（かべんじょう）の萼片（がくへん）は4枚です。

● 葉身は広卵形で、長さ5～12cm。細かい鋭い鋸歯がある

イワガラミ【岩絡み】

Hydrangea hydrangeoides アジサイ科

別名：なし
分布：北海道、本州、四国、九州
樹高：7～10m（つるの長さ）
花期：6～7月

花弁（かべん）の横に見える萼片（がくへん）は卵形（らんけい）で1枚のみ

90%

● 葉身は長さ5～15cm、幅5～10cm。広卵形で鋸歯は粗い。葉の先のほうほど鋸歯は大きくなる

大きな木や岩などをはって伸びる落葉つる性木本です。葉は対生（たいせい）で、葉の鋸歯は粗く、花柱は1個で、花序（かじょ）周辺の装飾花の花弁状の萼片も1枚です。

不分裂

鋸歯縁

対生

 ツルアジサイとイワガラミはよく似ています。花のない時期は鋸歯の大きさで区別します。

タニウツギ【谷空木】

Weigela hortensis　スイカズラ科

落葉

別名：なし
分布：北海道、本州
樹高：5m
花期：5〜6月

枝先や枝上部の葉腋に花を2〜3個つけます

低木林で花期にはひときわ目立ちます

樹皮は灰褐色。縦に裂け目が入りはがれ落ちます

不分裂

鋸歯縁

対生

●葉身は長さ4〜10cm、幅2〜6cm。葉の先はやや尾のように尖り、縁に細かい鋸歯がある

60%

●葉の裏には毛が多い

名前は「谷に生えるウツギ」の意味だが、林縁を彩る

日本固有種で、山地の日当たりのよい場所に生える落葉小高木です。公園樹、庭木などに植えられます。濃い紅色系統の園芸品種はベニウツギとよばれます。ハコネウツギ（P.219）とよく似ていますが、本種の花は桃色のみで、葉の裏全面に毛があることから区別できます。地方によっては、家に持ち込むと火事になる、枝を折ると雨になる、などと忌み嫌われます。

 名前に「ウツギ」とつきますが、P.212のツギとは科が違います。

ハコネウツギ【箱根空木】

Weigela coraeensis　スイカズラ科

別名：なし
分布：北海道、本州、四国、九州
樹高：2〜5m
花期：5〜6月

● 葉身は長さ6〜16cm、幅4〜8cm。葉先は鋭くに尖り、細かい鋸歯がある

80%

花の筒部が急に鐘状に広がっています

樹皮は灰褐色。縦に裂け目ができてはがれます

よく枝分かれして、こんもりした樹形です

白色で咲き、しだいに紅色に変化する花

神奈川県の箱根付近に生えるウツギという意味で名づけられました。北海道から九州まで、広く浜辺に植えられている落葉低木・小高木で、日本固有種です。自生地を特定するのが難しいほど各地に植えられています。タニウツギ（P.218）と似ていますが、本種は葉の裏にほとんど毛がありません。種子には狭い翼があり風散布されます。

くらべる
ニシキウツギ【二色空木】

日本各地でふつうに見られるが、太平洋側の山地の日当たりのよい場所に多く生える。花はハコネウツギと似ており、漏斗形で花筒が上部に向かってしだいに膨らむ。

不分裂

鋸歯縁

対生

　箱根での自生が見つからず名前は誤認とされましたが、近年改めて自生が確認されました。

オオカメノキ【大亀の木】

Viburnum furcatum ガマズミ科（レンプクソウ科）

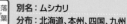

別名：ムシカリ
分布：北海道、本州、四国、九州
樹高：6m
花期：4〜6月

両性花は花序中心に集まり、周辺に装飾花がつきます

枝はよく分枝します

樹皮は暗灰褐色です

不分裂

鋸歯縁

対生

●葉身は長さ幅とも6〜20cm。葉の先は急に尖り、葉の縁に小さな不ぞろいの鋸歯がある

40%

円い葉に乗っかるように咲く真っ白な花

山地のブナ林や、亜高山針葉樹林などに生える落葉小高木です。ヤブデマリ（P.221）とよく似ていますが、本種は葉の付け根がハート形で、枝を斜め上に向かって伸ばし、花序に柄がないことなどから区別できます。短い枝の先に一対の葉とともに花序を広げ、白色の花を多数つけます。名前の由来は、葉が亀の甲羅に似ているからなど諸説あります。

 別名のムシカリは、葉がよく虫に食われていることに由来します。

ヤブデマリ【藪手穂】

Viburnum plicatum var. *tomentosum*

ガマズミ科(レンプクソウ科)

別名	なし
分布	本州、四国、九州
樹高	2～6m
花期	5～6月

落葉

●葉身は長さ5～12cm、幅3～7cm。葉の先は短く尖り、葉の縁に鋸歯がある

80%

装飾花の5枚の花弁のうち1枚は極端に小さい

樹皮は灰黒色。若い枝は褐色をしています

枝を横に伸ばします

大きな装飾花をつけた花が、枝一面に水平状に咲く

山地の落葉樹林内、特に沢筋などやや湿った場所に生える落葉低木・小高木で、庭木として植えられます。短い側枝の先に、一対の葉とともに花序を出します。花序の中心部に小さな両性花が多数集まり、周囲に白色の装飾花がつきます。オオカメノキ（P.220）とよく似ていますが、本種は葉の付け根がくさび形か円形で、枝を水平に伸ばし花序に長い柄があります。

くらべる

ケナシヤブデマリ【毛無藪手毬】

東北～北陸の日本海側に分布するものは、葉が大きく全体に毛が少ないため、ケナシヤブデマリとして区別される。

不分裂

鋸歯縁

対生

 花序が球状で藪に生えることから名づけられました。

チドリノキ【千鳥の木】

Acer carpinifolium ムクロジ科

落葉

別名：ヤマシバカエデ
分布：本州、四国、九州
樹高：8〜10m
花期：5月

雄花序は前年の枝につき褐黄色

幹の直径は10〜15cmになります

不分裂

鋸歯縁

対生

樹皮は暗灰色〜灰色。皮目が点在します。若木は滑らかで、成木では縦に割れます

●葉身は長さ7〜15cm、幅3〜7cm。葉の先は急に尖り、鋭い重鋸歯がある

80%

果実の姿を、千鳥が飛ぶ姿に見立てたのが名の由来

山の渓流沿いなど、湿った場所で多く見られるカエデ

東北地方の日本海側には分布せず、北陸地方にも少ないカエデの仲間の落葉高木で、日本固有種です。山地の沢沿いなどに生え、庭木などとして植えられます。雌雄異株で、枝先に花序（かじょ）を垂らし薄黄色の花をつけます。材は建築材、彫刻材などに利用します。葉の形がクマシデ（P.131）やサワシバ（P.170）に似ていますが、本種の葉は対生（たいせい）して枝につきます。

 別名のヤマシバカエデは、山の沢沿いに生えることからつきました。

222

ツリバナ【吊花】

Euonymus oxyphyllus var. *oxyphyllus*

落葉

ニシキギ科

別名：なし
分布：北海道、本州、四国、九州
樹高：1～4m
花期：5～6月

●葉身は長さ3 ～ 10cm、幅2 ～ 5cm。
葉の先は尖り、細かな鋸歯がある

原寸

花序につく花は数個～ 30個。花弁は5枚

果実は紅色に熟すと
割れて、橙赤色の仮
種皮に包まれた種子
が現れます

蒴果は長い柄があり、垂れ下がります

秋にぶら下がる赤い果実と紅葉が魅力

赤い果実が吊り下がった姿が美しく、名前
の由来になっています。丘陵から山地の
林内に生え、庭木として植えられる落葉
低木・小高木です。花序に緑白色あるい
は淡紫色の花をたくさんつけます。秋に丸
く実った果実が5裂し、中から種子が現
れます。ツリバナの果実に翼はありません
が、仲間のオオツリバナには低い翼があり、
ヒロハツリバナには広い翼がつきます。

樹皮は灰色で滑らかです

不分裂

鋸歯縁

対生

 紅葉も美しく、庭園や茶室の庭などに植えられます。実のついた枝は茶花に用いられます。

223

ニシキギ【錦木】

Euonymus alatus f. *alatus*　ニシキギ科

別名：なし
分布：北海道、本州、四国、九州
樹高：1～3m
花期：5～6月

●葉身は長さ2～7cm、幅1～3cm。葉の先は鋭く尖り、細かく鋭い鋸歯がある

原寸

花弁は4枚。花はあまり目立ちません

橙赤色の仮種皮に包まれた種子が1～2個ぶら下がります

下部から多数枝分かれします。美しい紅葉が魅力

不分裂

鋸歯縁

対生

樹皮は灰褐色で、縦に浅く裂け淡黄色のすじが入ります

ほかの樹木に先がけて、美しい鮮紅赤色に紅葉する

美しく紅葉する姿を錦にたとえて、この名がつけられました。丘陵から山地の落葉広葉樹林内や林縁に生える落葉低木で、庭木として植えられます。園芸品種は枝の翼（よく）が発達しますが、自生種はそれほど発達しません。ふつう側枝下部の1～2対の葉腋（ようえき）や芽鱗痕腋（がりんこんえき）から花序（かじょ）を出し、黄緑色の小さな花を1～7個つけます。秋に楕円形の分果が濃紅紫色に熟します。

コルク質の枝の翼は、古くから薬用（生理不順など）とされました。

マユミ【真弓】

Euonymus sieboldianus　ニシキギ科

別名：なし
分布：北海道、本州、四国、九州
樹高：1.5〜8m
花期：5〜6月

● 葉身は長さ5〜15cm、幅2〜8cm。葉の先は急に尖り、波状の細かい鋸歯がある

70%

花の直径は1cmほど。花弁は4枚あります

樹皮は暗灰色で、成木は不規則に浅く裂けて、独特のしま模様になります

下部から多数枝分かれします

淡紅色に熟した果実が、雪景色に映える

丘陵から山地の林内に生える落葉低木・小高木で、紅葉や果実が美しく庭木や公園樹としてよく植えられています。今年枝の葉より下の芽鱗痕腋（りんこんえき かじょ）に花序を出し、緑白色の小さな花を1〜7個つけます。葉の下面の脈上に突起状の短い毛のあるものは、カントウマユミ（ユモトマユミ）という変種で、マユミと同じ分布をします。

くらべる

コマユミ【小真弓】

枝に翼ができないものをコマユミといい、葉は楕円形。また、葉が広楕円形で大きいものをオオコマユミという。

不分裂

鋸歯縁

対生

材は細工物などに利用され、名前もかつてこの材から弓をつくったことが由来です。

225

マサキ【柾、柾木、正木】

Euonymus japonicus ニシキギ科

常緑

別名：なし
分布：北海道、本州、四国、九州、沖縄
樹高：1〜6m
花期：6〜7月

花序は長さ3〜7cm。淡緑色で花弁は4枚

秋、濃紅色の果実が実ります

樹皮は暗褐色。縦に浅い溝があります

不分裂

鋸歯縁

対生

●葉の質は厚い。葉身は長さ3〜8cm、幅2〜4cm。葉の先は尖り、縁には付け根近くを除き、低い鋸歯がある

原寸

実は球形で熟すと3〜4裂します

ずんぐりした樹形。生け垣では定番の木

海岸付近の林内や林縁に生え、庭木などとして広く植えられる常緑低木・小低木です。今年枝の上部の葉腋に花序を直立して出し、7〜15個の花をつけます。果実が開くと赤い仮種皮に包まれた種子がぶら下がります。葉に模様の入った品種や、オウゴンマサキとよばれる葉が黄色い園芸品種もあります。よく生け垣にもされていますが、うどんこ病になりやすいようです。

葉が常に茂りマサオキ（真青木）とよばれたものがなまった、など名前の由来は諸説あります。

ムラサキシキブ【紫式部】

Callicarpa japonica　シソ科

別名：ムラサキ
分布：北海道、本州、四国、九州
樹高：3m
花期：6〜8月

●葉身は長さ6〜13cm、幅2.5〜6cm。葉の先は尾のように尖り、細かい鋸歯がある

黄色い葯（やく）が目立ちます。円内は果実

原寸

樹皮は灰褐色です

庭先などでもふつうに見られる落葉低木です

夏から秋にかけ、葉や花・果実の色彩変化を長く楽しめる

低山地や平地の林内や林縁に生える落葉低木で、紫色の果実が美しく観賞用に庭木などとして植えられます。葉腋から花序（じょ）を出し、薄紅紫色の小さな花を枝の上側につけます。果実は3mmほどで秋に熟します。名前は、紫色に熟す果実の姿を平安時代の作家紫式部にたとえた、あるいは紫色のシキミ（「重なった実＝たくさんの実」の意味）が由来といわれます。

くらべる

コムラサキ【小紫】

ムラサキシキブの名の庭木は、湿地近くに生える同属のコムラサキであることが多い。葉は小さく鋸歯は上半部のみにあり、花序は葉腋より上につく点などで違う。

不分裂

鋸歯縁

対生

 仲間のヤブムラサキは全体に毛がびっしりとあり、果実の下部は萼片で包まれます。

アオキ【青木】

Aucuba japonica var. *japonica*　アオキ科

常緑

別名：なし
分布：本州、四国、九州
樹高：2〜3m
花期：3〜5月

紫褐色の小さな花を多数つけます

● 葉身は厚く、長さ8〜25cm、幅2〜12cm。葉先は尖り、上半部に粗い鋸歯がある

75%

樹皮は緑色で灰褐色の細い溝と、横長の皮目があります

幹の直径は6cmほどになります

フィールドノート

果実は12〜5月に見られる。ひょうたん形をした緑色と赤色のツートンカラーの実はアオキミタマバエが産卵したもの。これをアオキミフクレフシといい、遅くまで残る。

不分裂

鋸歯縁

対生

冬に熟すつややかな果実。寒空の下のアクセント

照葉樹林下などに生える常緑低木で、庭木や公園などの植え込みによく植えられます。雌雄異株で、黄色い模様入りの葉や黄色や白色の果実をつけるものなど、いくつかの園芸品種があります。仲間のヒメアオキは日本海側の多雪地帯に生育しており、雪の重みに耐えるように茎は斜めに立ち上がり葉が小型です。火であぶった葉は、火傷やしもやけに効くとされます。

 枝が青いため、またはいつも葉が青々と茂っていることからこの名がついたといわれます。

キンモクセイ【金木犀】

Osmanthus fragrans var. *aurantiacus*　モクセイ科

常緑

別名	なし
分布	中国原産、各地に植栽
樹高	3〜6m
花期	9〜10月

●葉身はかたく、長さ8〜15cm、幅3〜5cm。葉の先は急に尖り、葉の縁は上部に鋸歯、または全縁

原寸

直径4〜5mmほどの花を無数につけます

樹皮は淡灰褐色。縦に割れ目があります

こんもりした樹形になります

香りのよい花を咲かせる木として、親しまれている

整った樹形と香りのよい花が好まれ、世界各国の庭園に植えられる常緑小高木です。雌雄異株で、秋に橙黄色の小さい花をまとめてつけます。日本では雄株しか知られていません。大気汚染のひどい場所では花つきが悪くなるとされます。近縁種に黄白色の花をつけるギンモクセイや白色のウスギモクセイがあります。名前は濃黄色の花をつけるモクセイという意味です。

🔍 **くらべる**

ギンモクセイ【銀木犀】

中国原産の常緑小高木で、雌雄異株。花は白色で、芳香があるがキンモクセイほど強くない。果実は楕円形で、翌年の春に黒褐色に熟する。

不分裂

鋸歯縁

対生

🐦 キンモクセイは、日本でウズキモクセイから育成されたという説もあります。

ヒイラギ【柊】

Osmanthus heterophyllus　モクセイ科

別名	なし
分布	本州、四国、九州、沖縄
樹高	4〜8m
花期	11月

常緑

花はよい香りが少しあります

●葉身は厚くかたい。
長さ3〜7cm、
幅2〜4cm

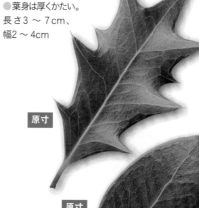

原寸

原寸

●老木の葉の先は
尖る。葉は全縁で
とげはない

樹皮は灰白色。円形の皮
目があります

幹は直径30cmほどにまでなります

くらべる

ヒイラギモクセイ【柊木犀】

葉が大きく、縁にはとげ状の粗い
鋸歯が8〜10対ある点でヒイラギ
と区別できる。上部の葉は鋸歯が
少ないか全縁。雄株だけあるよう
で果実は見られない。

不分裂

鋸歯縁

対生

各地に植栽されている。
鋸歯のある葉は触ると痛い

山地に生え、庭木として植えられる常緑
小高木です。葉腋に白い花がまとまって
つきます。緻密な材を将棋の駒や櫛、楽
器、彫刻などに利用します。節分に門戸
に飾る柊鰯（ヒイラギの葉にイワシの
頭を刺したもの）は、鬼の侵入を防ぐ魔
よけのまじないです。雌雄異株で、晩秋
に白色の小さい花が咲きます。果実は翌
年の6〜7月に暗紫色に熟します。

種形容語 heterophyllus は「異葉性の」という意味。2種類の形の違う葉があることを表現。

サンゴジュ【珊瑚樹】

Viburnum odoratissimum var. *awabuki*

ガマズミ科(レンプクソウ科)

常緑	別名：なし
	分布：本州、四国、九州、沖縄
	樹高：20m
	花期：6月〜7月上旬

● 葉身はやや厚く、長さ7〜20cm、幅4〜8cm。葉の先はやや尖り、縁は波状の鋸歯、または全縁

55%

花弁が反り返り、雄しべが目立ちます

緑の葉に、赤い果実の塊が映えます

野生では見る機会が少ない樹木です

たわわに実る真っ赤な果実は、遠くからでも目を引く

丘陵地や沿海地の谷などに生える常緑高木です。古くから火事の延焼などを防ぐ防火樹として利用された名残で、生け垣や庭木としてよく植えられています。また、盆栽としても多く利用されます。小さな白い花をたくさんつけ、8〜10月に果実が赤くなってから黒熟します。カイガラムシが原因ですす病にかかり幹や葉が黒くなった垣根が時々見られます。

樹皮は灰褐色です

不分裂

鋸歯縁

対生

 秋に実る果序の枝と果実が赤く色づく姿を、サンゴに見立てたことから名づけられました。

ハイノキ【灰の木】

Symplocos myrtacea　ハイノキ科

常緑

別名：イノコシバ
分布：本州、四国、九州
樹高：5〜8m
花期：4〜5月

花冠は深く5裂。長い雄しべが多数あります

●葉は薄い革質。葉身は長さ3〜8cm、幅1〜2.5cm。葉先は尾状に長く尖り、鈍頭の低い鋸歯がある。葉は両面とも無毛

原寸

株立ちする樹形

果実は核果。8〜10月に熟します

不分裂

鋸歯縁

互生

樹皮は暗褐色で滑らかです

葉も花も小さくて可愛いが、枝はしなやかで丈夫

痩せた山地の林内に自生する常緑小高木です。大きなものでは10mになりますが、2m以下の低木の状態でよく群生しています。前年枝の葉腋に花序を出し、3〜数個の白い花をつけます。果実は8〜10月に紫黒色に熟します。和名のハイノキ（灰の木）は、葉や枝を焼いて灰をつくったことに由来します。この灰から灰汁を採り媒染剤に用いました。

 捕まえたイノシシを本種の枝で縛ったことから、イノコシバの別名があります。

ヒサカキ【姫榊、柃】

Eurya japonica var. *japonica*　サカキ科

常緑

別名：なし
分布：本州、四国、九州、沖縄
樹高：4〜7m
花期：3〜4月

●葉身は長さ3〜7cm、幅1.5〜3cm。葉先は次第に尖り鈍頭、浅い鋸歯がある。両面とも無毛

原寸

花は、鐘形あるいは壺形。強い芳香があります

若い果実の様子。秋には紫黒色に熟します

大きいもので樹高10mになります

サカキ同様に神前に供えられるが、葉はひと回り小さい

山地の林床にふつうに自生し、生け垣などとして植えられる常緑小高木です。材は薪炭材などに、果実は染料に利用されます。関東地域ではサカキの代用として神事や仏事に供えられます。雌雄異株で、葉腋に帯黄白色の花を1〜3個下向きにつけます。花は枝いっぱいに咲きます。旧分類ではツバキ科でしたが、分子系統解析によって独立種となりました。

樹皮は滑らかで暗褐色ないし黒灰色。不規則なしわがたくさんあります

不分裂

鋸歯縁

互生

榊 の代用なので「非榊」、小型の榊という意味で「姫榊」、など名前の由来に諸説あり。

ホルトノキ【ほるとの木】

Elaeocarpus zollingeri　ホルトノキ科

常緑

別名：モガシ
分布：本州、四国、九州、沖縄
樹高：10〜15m
花期：7〜8月

●葉身は倒披針形
あるいは長楕円状
披針形。やわら
かい革質で、長
さ5 〜 12cm、
幅2 〜 3.5cm

80%

小さな白色の花をやや一方に偏らせてつけます

●葉裏の脈は突出し、
葉脈の腋に膜がある

幹は直径40 〜 50cmになります

樹皮は灰褐色。小さく
滑らかな皮目が散在し
ます

花弁の先が糸状に細かく裂けた、面白い形の花

海岸近くの林内に自生し、庭木や公園樹、街路樹として植えられる常緑高木です。和名は「ポルトガルの木」の転訛。もともとオリーブを指す名でしたが、平賀源内がオリーブと間違えてこの木を紹介したため本種の名前になりました。葉はヤマモモ（P.92）に似ていますが、太陽の光に透かしたときにヤマモモのような細かい網目状の葉脈が見えません。

不分裂

鋸歯縁

互生

📖 フィールドノート

古い葉は落ちる前に紅葉するので、緑の葉に紅色の葉がちらほら混ざってついている。この様子で、本種だとすぐにわかる。

　樹皮と枝葉を煎じた汁は大島紬の黒褐色の染料に用いられます。

ハンカチノキ [ハンカチの木]

Davidia involucrata ヌマミズキ科

別名：ハトノキ
分布：中国南西部原産、各地に植栽
樹高：15〜20m
花期：2〜3月

● 楕円形で葉身は長さ9〜15cm、幅6〜10cm。粗い鋸歯がある

80%

花は淡黄色で、枝の上部につきます

果実は長卵形で直径3〜4cm、淡褐色に熟します。中に3〜5個の種子があり、油が採れます

幹は直径1mになるものもあります

ハンカチのような総苞片。英名は dave tree（鳩の木）

中国南西部原産の落葉高木で、公園や庭園に植栽されています。発芽から花が咲くまで10〜15年かかります。花は小さな雄花が多数と1個の両性花が球状に集まっています。2枚の白いハンカチのように見える部分は苞で、花弁や萼片はありません。19世紀後半に、フランス人神父のアルマン・ダヴィッドが発見し、学名の属名は発見者の名前を記念してつけられました。

樹皮は灰黒褐色で、鱗片状にはがれます

不分裂

鋸歯縁

互生

 白色の大きな総苞をハンカチに見立ててつけられた名前です。

ケンポナシ【玄圃梨】

Hovenia dulcis クロウメモドキ科

別名：なし
分布：北海道(奥尻島)、本州、四国、九州
樹高：15m
花期：6〜7月

● 広卵形で、葉身は長さ10〜20cm、幅6〜14cm。縁にはやや粗い鋸歯がある。3本の脈が目立つ

90%

花は緑白色で、枝先と上部の葉腋から花序を出します

大きいものは直径1mほどになります

果軸が太く、灰褐色の果実は球形です

果実はタヌキなどに食べられ種子散布される

山野の林内に生える落葉高木です。葉は互生で、コクサギ型葉序（P.10）の並びをする所もあります。花が終わると花序が太くなって、果期には肉質になります。この部分を果軸といい、ナシに似た香りと甘みがあります。果実は枝ごと落下し、タヌキなどの動物に食べられて種子散布されます。色が地味で甘く香る果実は、動物散布型の果実の特徴です。

不分裂

鋸歯縁

互生

樹皮は暗灰色で、縦の割れ目が入ります

 晩秋の頃、落ちた小枝の果序は散歩のおやつ代わりになります。

ゴマキ【胡麻木】

Viburnum sieboldii ガマズミ科(レンプクソウ科)

別名：ゴマギ
分布：本州、四国、九州
樹高：7m
花期：4～6月

● 倒卵形で、葉身は長さ5 ～ 15cm、幅2 ～ 9cm。鈍鋸歯がある

90%

花は直径7 ～ 9mm。花冠は高杯状

湿った場所に生えます。こんもりとした樹形です

果実は核果で、赤くなったのち黒熟します

葉に触ると、ゴマのようなにおいが漂う

低地や丘陵地などのやや湿った所に生える落葉小高木です。葉柄の上面に広い溝があり、葉の裏は側脈がつき出しているのが目立ちます。枝の先に散房花序を出し、白色の花をたくさんつけます。本種は、主に関東以西の太平洋側に生え、本州北部および日本海側には、高さ2mほどの低木状で、花序や葉がゴマキより大きいマルバゴマギ(ヒロハゴマギ)が生えます。

褐灰色で滑らかです

不分裂

鋸歯縁

対生

 葉や枝を傷つけると、ゴマのにおいがすることから名づけられました。

マルバチシャノキ [丸葉萵苣の木]

Ehretia dicksonii ムラサキ科

別名：	なし
分布：	本州、四国、九州、沖縄
樹高：	4〜10m
花期：	5〜7月

花冠は直径5mm、5裂した裂片が反り返ります

●葉身は長さ6 〜 17cm、幅5 〜 12cm。厚く広卵形で縁には鋸歯がある

50%

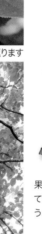

果実は夏から秋にかけて熟します。ブドウのような房状になります

うっそうとした樹形になります

不分裂

鋸歯縁

互生

樹皮は灰色。厚いコルク層が発達し、縦に裂けます

樹木を覆う花のボリュームに圧倒される

海岸に近い山地の林縁に生える落葉小高木・高木で、庭木に利用されます。葉は厚く、表面には剛毛があってざらつき、手で触るとわかります。裏面は短毛（たんもう）が密生して白色を帯びます。枝先から出した散房花序（さんぼうかじょ）に白色の小さな花がびっしりつきます。果実は核果（かくか）で、ほぼ球形をしており直径約2cm、中に2個の種子が入り、黄熟すると食べることができます。

名前は同種のチシャノキに比べ、葉の幅が広く円いことによります。チシャノキの意味は不明。

ヤマグルマ【山車】

Trochodendron aralioides　ヤマグルマ科

別名：トリモチノキ
分布：本州、四国、九州、沖縄
樹高：20m
花期：5〜6月

●広倒卵形または狭倒卵形で、葉身は長さ5〜14cm、幅2〜8cm。縁に波状の鋸歯があり、革質。表面は光沢があり、先は尾状になる

原寸

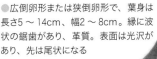

車状に並ぶ雌しべの横に雄しべが多数つきます

果実は扁球形で褐色に熟します。中に細長い種子が入っています

幹は直立します。直径60cmほどになります

枝先につく葉は車輪状。花も枝先につく

急な斜面や岸壁などに生える常緑高木です。仮導管を持つ原始的被子植物で、導管がありません。山地に生え、枝先の葉が車輪状につくことが名前の由来です。この様子を上から観察すると、微妙に葉柄の長さが違うのがわかり、それぞれの葉が太陽光を受けられるようにするための工夫に見えます。花も枝先の花序に10〜30個つき、黄緑色で花弁や萼はありません。

樹皮は灰褐色です

不分裂

鋸歯縁

互生

　樹皮からトリモチが採れるので、トリモチノキの別名があります。

コデマリ【小手毬】

Spiraea cantoniensis バラ科

別名：スズカケ
分布：中国原産、各地で植栽
樹高：1.5m
花期：4～5月

直径約1cmの白色の花が集まって咲きます

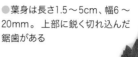

●葉身は長さ1.5～5cm、幅6～20mm。上部に鋭く切れ込んだ鋸歯がある

原寸

冬芽は開出し、葉痕が隆起します

若い枝は赤褐色をしています

枝先は垂れ下がります

不分裂

鋸歯縁

互生

くらべる

ユキヤナギ【雪柳】

バラ科の落葉小木。地面から細い枝をいくつも出し、しだれた枝先の長穂に、小さな白い花を雪が積もったようにたくさんつける。

白い花の塊を枝一面につけ、それは豪華な花の饗宴

中国原産の落葉低木で、古い時代に日本に渡来し江戸時代初期から栽培されています。各地の庭園木や庭木として植えられるほか、生け花にも利用され人気のある木です。短枝の枝先に出した散房花序に、20個ほどの花をつけます。花弁は白色で、20本ある雄しべは花弁より短いものの目立ちます。球形の花を小さい手まりに見立ててこの名がつきました。

 別名のスズカケは、花序の形から名づけられました。

カリン【花梨】

Pseudocydonia sinensis　バラ科

別名：なし
分布：中国原産、各地で植栽
樹高：5〜10m
花期：4〜5月

● 卵状楕円形で葉身は長さ5〜10cm、幅3.5〜5.5cm。縁には腺状の細鋸歯がある

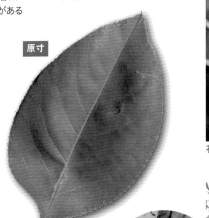

花は淡紅色で、短枝の先につきます

果実は楕円形で黄色に熟します

幹の直径は35cmほどになります

大きな実が落ちてこないかと、木の下を通るときはちょっと心配

中国原産で江戸時代に渡来したといわれる落葉小高木・高木です。木が古くなると樹皮がはがれ、独特の模様をつくるのですぐにわかります。果実はかたく酸味が強いので生食には適しませんが、室内に置いたり輪切りを浴槽に入れたりして芳香が楽しめます。砂糖や蜂蜜と一緒に煎じたものは、咳止め効果があります。材質は緻密でかたく赤褐色で美しく、床柱などに利用されます。

緑褐色で、古い幹は鱗状にはがれ不規則な模様となります

不分裂

鋸歯縁

互生

名前は、木目がマメ科のカリン（花櫚）に似ていることからついたといわれます。

サネカズラ【実葛・真葛】

Kadsura japonica マツブサ科

常緑

別名：ビナンカズラ
分布：本州、四国、九州、沖縄
樹高：3〜7m（つるの長さ）
花期：8月

花は黄白色で、葉腋につき下向きに咲きます

古い茎の直径は2cmほどです

褐色で、コルク層が発達します

不分裂

鋸歯縁

互生

●楕円形で葉身は長さ5〜13cm、幅2.5〜6cm。まばらに低い鋸歯があり、やや革質。裏面はしばしば赤色を帯びる

原寸

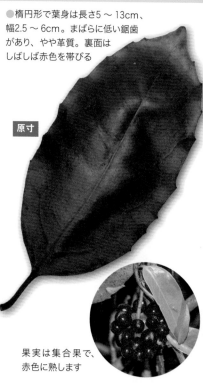

果実は集合果で、赤色に熟します

花も美しいが秋の果実がよく目立ち、野鳥の好物

山野の林縁に生える雌雄異株で、常緑つる性木本です。サネは「実」、カズラは「つる」を表し、実が美しいつる植物であることからついた名です。赤色を帯びた若い枝は粘液を含み、かつてはこれを整髪料に使ったのでビナンカズラ（美男蔓）の別名があります。百人一首の「名にし負はば逢坂山のさねかずら人に知られでくるよしもがな」でも詠まれています。

学名の属名*Kadsura*には、つるを意味するカズラ（蔓）がそのまま用いられています。

ドウダンツツジ [満天星(灯台)躑躅]

Enkianthus perulatus　ツツジ科

別名：なし
分布：本州、四国、九州、各地に植栽
樹高：1〜2m
花期：4〜5月

●倒狭卵形で葉身は長さ2〜3cm、幅0.8〜1.5cm。縁にかぎ状の細鋸歯がある

原寸

頂芽（枝の先端にある芽）は卵形で、4〜7mm

果実は蒴果で、上向きにつきます

花は白色で、下向きにつきます

株立ち状の樹形。三叉に枝を伸ばします

樹皮は灰色。やがてはがれ落ち、灰緑色になります

多くの場所で植栽されるが、野生種に会うのは難しい

春にびっしりと白い花をつける様子や秋の紅葉が美しく、庭園樹や生け垣などとして植えられる落葉低木です。葉が出る前か同時に、壺形の花を枝先に1〜5個咲かせます。栽培は明治時代から行われていますが、長く自生地が不明で外来種ではないかと疑われていました。高知県の野生種ヒロハドウダンツツジの葉の細いものを選んで園芸化した、との説もあります。

不分裂

鋸歯縁

互生

　名前は、枝ぶりが「結び灯台（3本の棒を紐で結んで油皿を載せた灯り）」に似ていることから。

ブッソウゲ【扶桑花、仏桑花】

Hibiscus rosa-sinensis アオイ科

常緑

別名：ハイビスカス
分布：原産地不明、暖地で植栽
樹高：1～2.5m
花期：5～10月

花の色は赤・黄・色・白などがあります

●葉身は長さ7～12cm、幅5～11cm。広卵形、楕円形などさまざま。縁には粗い鋸歯がある

70%

樹皮は灰褐色

果実は蒴果で、卵形。結実することは少ないようです

ブッシュ状の樹形となります

不分裂

鋸歯縁

互生

フィールドノート

写真は園芸品種「アランスー」。ハイビスカスの園芸品種は5000種ほどあるといわれ、特にハワイでは交配が盛んだという。

南国を代表する情熱的な花。青色が似合う

常緑の低木で、日本には江戸時代に渡来しています。原産地は不明で、中国、インド方面ではないかという説があります。熱帯ではふつうに見られる花木ですが、日本では、九州南部から沖縄では庭園や垣根、公園など野外で植えられており、それ以外の地域では温室で栽培されています。アメリカ合衆国・ハワイ州の州花となっています。

漢名「扶（仏）桑」に「花」を加えてついた名。沖縄南部では墓地に供える風習があります。

07
不思議な形の根っこを持つ木

　植物園の温室などで、幹の途中からタコの足のようにいくつも根っこを出している不思議な形の木を見かけたことはありませんか？　これはタコノキ科という被子植物の仲間の特徴で、本来の根のほかに気根（支柱根）という根を茎のすじから出し、それが斜めに地面に届きます。海岸沿いの不安定な場所に生えても、気根のおかげでしっかり幹を支えることがでます。

葉は細長く、縁には鋭く尖った鋸歯があり触ると痛いので、この茂みにはとても入れない。円内は果実

アダン【阿檀】
Pandanus odoratissimus　タコノキ科

亜熱帯から熱帯の海岸に生える常緑小高木で、日本では九州南部、沖縄に分布。雌雄異株で、布切れのような白い苞が垂れ下がり、中に花弁のない花が花序に多数つく。果実は直径15〜20cmの球形の集合果で、食べることができる。1つの核果は4〜6cmほどの倒卵形。熟すとばらばらになり、海流で遠くに運ばれる水流散布の植物。

タコノキ【蛸の木】
Pandanus boninensis　タコノキ科

小笠原諸島の固有種で、常緑小高木。亜熱帯や熱帯地方で植栽され、植物園の温室などでもよく見られる。高さは3〜6mで雌雄異株。葉のとげは長さ1mmほどでアダンより短い。花序は黄白色の葉に似た苞の中にあり、雄花序は棒状の肉穂花序に多数つき、雌花序はほぼ円形または紡錘形。果実はアダンの実と同じような形で食べられる。種形容語のboninensisは、小笠原諸島の英語名bonin islandに由来する。

幹の中部から四方に支柱根を伸ばして地中に入り、植物を支える。円内は雄花序

イタチハギ【鼬萩】

Amorpha fruticosa　マメ科

別名：クロバナエンジュ
分布：北アメリカ原産、各地に植栽
樹高：2〜5m
花期：5〜6月

マメ科ですが、翼弁と竜骨弁は退化し旗弁のみの花

ブッシュ状の樹形となります

● 偶数あるいは奇数羽状複葉で、長さ10 〜 30cm。小葉は長さ1〜4cm、先はあまり尖らず、全縁

55%

果実の長さは1cmほど。表面に小さな膨らみがたくさんあります

奇妙な形をした濃い紫色の花に、驚きを感じる

北アメリカ原産で、大正時代に日本に持ち込まれたといわれる落葉低木・小高木です。生長が早いので、道路の斜面の緑化や土地の改良、土砂の流出防止のために植えられましたが、現在はあまり利用されておらず、河原などで野生化しています。生け垣や公園樹にも利用されます。名前は、花の形がイタチの尾に似て、葉がハギに似ていることからつきました。

羽状
全縁
互生

樹皮は灰褐色。黒っぽい花穂が目立ちます

 別名のクロバナエンジュは、花が黒色に見えることから名づけられました。

フジ【藤】

Wisteria floribunda　マメ科

別名：ノダフジ
分布：本州、四国、九州
樹高：20m（つるの長さ）
花期：5月

●奇数羽状複葉で、長さ20 〜 30cm。
小葉は5 〜 9対で、長さ4 〜 10cm。
小葉の先は細く尖り、
縁は全縁、ほぼ無毛

30%

花序は長さ20 〜 100cm

茎は直径十数cmになるものがあります

樹皮は灰褐色で、
縦に浅く裂けたす
じが入ります

山野で咲くフジの花は、藤棚とは違う趣き

枝先に香りのある藤色の花を咲かせ、観
賞用によく植えられます。落葉つる性木
本で日本固有種。低山や平地の林縁、明
るい樹林内などに生育します。枝先に花
序を垂らし、蝶形の花を多数つけます。
果実は2片に裂け、ねじれて中の種子を
遠くまで飛び散らします。果実を薬用と
して利用するほか、若い枝の材は工芸な
どに用います。

くらべる

ヤマフジ【山藤】

中部地方以西に多く生育。つるの
巻き方がフジとは逆で左巻き。葉は
フジよりやや幅広く両面有毛、花序
はフジの1/3くらいの長さで、ほとん
どの花がほぼ同時に咲き揃う。

羽
状

全
縁

互
生

『万葉集』に出てくる植物約160種の中で10番目に多く、26首で詠われています。

ハリエンジュ【針槐】

Robinia pseudoacacia　マメ科

別名：ニセアカシア
分布：北アメリカ原産
樹高：15〜20m
花期：5〜6月

●奇数羽状複葉で、長さ12〜23cm。小葉は3〜11対で、長さ2.5〜5cm。小葉の先は円く、縁は全縁

40%

●小葉は3〜10対で、葉は裏側にのみ毛がある

蝶形の白い花をたくさんつけます

花期になると花序を垂らします

枝には多数のとげがあります。2本のとげの間に、葉の落ちた跡（葉痕）が見えます

繁殖力が旺盛で駆除が難しいエイリアン

花は蝶のような形で香りがよく、良質な蜂蜜が採れる落葉高木です。日本には明治時代初期に渡来しました。公園樹、街路樹、砂防樹として植えられますが、川岸や土手などで野生化しており、駆除が難しく問題になっています。葉腋から花序を垂らし、香りのよい白い花をつけます。名前は、エンジュに似ており、托葉が変化したとげがあることからつきました。

羽状
全縁
互生

樹皮は淡褐色。網目状の割れ目があります

別名のニセアカシアは学名の種形容語の直訳。アカシアやエンジュとは属が違います。

エンジュ【槐】

Styphnolobium japonicum　マメ科

別名：なし
分布：中国原産、各地に植栽
樹高：20m
花期：7〜8月

● 奇数羽状複葉で、長さ15〜25cm。小葉は4〜7対で、長さ2.5〜6cm、幅1.5〜2.5cm。小葉は卵形で先はやや鋭り、表は無毛で裏に軟毛が生える

50%

花は30cmほどの円錐花序につきます。萼は鐘形

果実は豆果で、長さ4〜7cm。黄緑色で数珠のようにくびれ、枝から下垂します

枝葉を大きく広げた樹形

数珠のようにくびれた豆果。学校にもよく植えられる

中国原産の落葉高木で、古くから庭木や街路樹として植栽されてきました。花は両性花で、枝先に大型の円錐花序を出し、黄白色の蝶形花をつけます。つぼみや樹皮、果皮は染料に用い、材は家具材や彫刻などに利用します。漢方では、つぼみや豆果を止血薬にします。若葉はゆでると食用になり、飢饉の際の救荒食物や茶の代用にもされました。

樹皮は灰褐色で、縦に割れ目が入ります。内皮は黄色で臭気があります

羽状
全縁
互生

同科のイヌエンジュの古名といわれる「エニス（恵爾須）」が転訛したとされます。

サイカチ【皂莢】
Gleditsia japonica マメ科

別名：カワラフジノキ
分布：本州、四国、九州
樹高：20m
花期：5〜6月

● 短枝では1回偶数羽状複葉で、小葉が6〜12対つく。長枝では2回偶数羽状複葉で、4〜8対の羽片があり、各羽片には6〜10対の小葉がつく。小葉は長さ3.5〜5cm、幅1.2〜2cm。全縁で、両面とも無毛

90%

● 小葉は円頭〜鈍頭

雄花。花軸に3〜5個がやや不規則につきます

幹をまっすぐに伸ばし、直径は1mほどになります

果実は豆果で、長さ20〜30cm。10〜11月に濃紫色に熟します

幹や枝に鋭いとげ。大きなマメが実る

原野の水辺や河原に多く自生する落葉高木で、社寺に植えられていることもあります。雌雄同株で、雄花、雌花、両性花があり、花は小さく淡緑色をしています。幹と枝には葉が変形した鋭いとげがあり、生長に従って枝分かれし、長いものでは15cmほどになります。種子にはサポニンが含まれ薬用にされます。かつてはせっけんの代わりに利用されました。

羽状 全縁 互生

樹皮は黒褐色〜灰褐色。いぼ状の皮目があり、老木では縦に裂け目ができます

 漢方では、さやととげを利尿・去痰・瘡毒に用います。

ジャケツイバラ【蛇結茨】

Biancaea decapetala　マメ科

別名：カワラフジ
分布：本州、四国、九州、沖縄
樹高：2m
花期：4〜6月

●2回偶数羽状複葉。羽片は5〜10対で、長さ20〜40cm。小葉の長さは1〜2.5cm、幅0.5〜1cm

90%

花は直径2.5〜3cm、頂生する花序につきます

果実は豆果で長さ7〜10cm、幅3cm。褐色に熟します

樹皮は灰褐色で、大きなものは直径8cmにもなります。逆向きのとげが多数あります

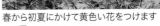

春から初夏にかけて黄色い花をつけます

つるを絡み合わせながら、ほかの木をはい登る

日当たりのよい丘陵や山地、河原などに生えるつる性落葉低木です。長く伸びた幹から多くの枝を出し、鋭く尖ったかぎ状のとげを多数つけます。花は黄色で、5枚ある花弁のうち上側の1枚はやや小さく、赤いすじがあります。名前は、つる性の枝がもつれ合いながら伸びている姿を、ヘビが絡み合っている様子に見立ててつけられました。

📖 フィールドノート

ジャケツイバラの冬芽は、枝の葉痕の上部に多数並んでつく。最初の芽（主芽）に事故があったときに、次の芽（副芽）が伸びる。

羽状
全縁
互生

別名カワラフジは、河原にも生えることから名づけられました。

ギンヨウアカシア[銀葉アカシア]

Acacia baileyana　マメ科

常緑

別名：ハナアカシア
分布：オーストラリア原産、各地に植栽
樹高：15m
花期：2〜4月

花は鮮黄色で、丸い頭状花

● 2回偶数羽状複葉で、羽片の長さは4〜8cm。小葉は長さ4〜6mm、緑白色で線形

原寸

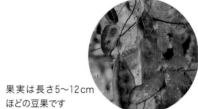

果実は長さ5〜12cmほどの豆果です

枝の先端部の葉腋に、花をぎっしりつけます

樹皮は灰褐色です

羽状

全縁

互生

黄色の花で覆われた晴れやかな姿は、心を明るくする

オーストラリア原産の常緑高木で、各地の公園や庭園、街路樹などに植えられます。白っぽい緑色の葉が美しく、花のない季節も楽しめます。枝は盛んに分枝し、葉をらせん状に密につけます。葉の上面の羽片の付け根には円形の腺体があります。「ミモザ」とも呼ばれますが、本種の別名ではなく、この仲間の総称あるいはフサアカシアの別名です。

 名前は、葉が白っぽい緑色をしていることからつけられました。

ネムノキ【合歓木】

Albizia julibrissin マメ科

別名：ネム
分布：本州、四国、九州、沖縄
樹高：10m
花期：7〜8月

50%

● 2回偶数羽状複葉で、羽片の長さは7〜12cm。小葉は15〜30対で、先は尖り縁に毛が生える

花序の周りに側生花、中央に頂生花があります

傘のように枝を広げます

夜、葉は閉じて花が開く。花はひと晩だけの一日花

夜になると葉が下がり、小葉が閉じて眠ったように見える様子が名前の由来です。このような葉の動きを就眠運動といいます。川岸や原野に多く生え、庭木や街路樹として植えられる落葉高木です。枝先に綿毛のような淡い桃色の花が10〜20個頭状に集まって咲きます。葉とは逆に、花は夕方開いて甘い香りを出し、翌日しぼみます。

樹皮は灰褐色。皮目がたくさんあります

羽状

全緑

互生

芽吹きはほかの樹木より遅く、葉がないときに枝がジグザグになっている様子がわかります。

ハゼノキ【黄櫨の木】

Rhus succedaneum　ウルシ科

別名：リュウキュウハゼ
分布：本州、四国、九州、沖縄
樹高：6〜10m
花期：6月

「櫨紅葉」は秋の季語。
紅葉の美しさは格別

山野に生え、果実から和ろうそくなどの原料となる木蝋を採るために、古くから栽培される落葉小高木・高木です。本州では栽培されていたものが野生化したともいわれます。雌雄異株で、葉腋から花序を伸ばし小さな黄緑色の花を多数つけます。秋の紅葉は鮮やかで美しく、まれに庭木に利用されます。果実の汁からロウを採りますが、触れるとかぶれます。

花序は長さ5〜10cm。花弁は5枚

大きいものは高さ15mになります。枝は横に伸び、横広の樹形になります

羽状
全縁
互生

樹皮は褐灰色。老木では、縦に裂け目が入ります

25%

●奇数羽状複葉で、長さ20〜40cm。小葉は4〜7対で、長さ5〜12cm。小葉の先は円く、全縁で無毛

 ヤマハゼやヤマウルシに似ていますが、本種の葉には毛がないことで区別できます。

254

原寸

果実は核果で、10 〜
11月に黄褐色に熟します。
無毛なので、ヤマウル
シと見わけられます

暖地でもきれいに紅葉す
るため、庭木などとして
も人気が高い樹木です

くらべる

ヤマハゼ【山黄櫨】

山地の日当たりのよい林縁などに自
生する。ハゼノキと似ているが、小
葉は卵状長楕円形。樹皮は褐色
で赤褐色の皮目がある。枝や葉に
毛があり、果実には毛がない。

ヤマウルシ【山漆】

Toxicodendron trichocarpum　ウルシ科

別名：なし
分布：北海道、本州、四国、九州
樹高：5〜8m
花期：6〜7月

● 奇数羽状複葉で、長さ25 〜 40cm。小葉は3〜7対で、長さ4 〜 15cm、幅3 〜 6cm。小葉の先は尖り、縁は全縁あるいは1 〜 2個の歯牙がある

花序に、黄緑色の小さな花を多数つけます

● 葉軸に毛が密に生える

20%

● 基部の小葉に鋸歯がある

樹皮は灰白色。縦に褐色のすじがあります

秋になると鮮やかに紅葉します

羽
状

全
縁

互
生

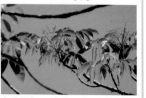

くらべる

ウルシ【漆】

中国原産で、各地に古くから植えられている。果実に毛がなく、葉の表は無毛、裏面脈上に粗い毛がある。樹皮を傷つけて漆汁を採る。

秋に葉が美しく紅葉する。かぶれに注意！

山地〜丘陵地の林内に生える落葉小高木です。樹液にウルシオールという成分を含み触れるとかぶれますが、樹液の量は少なく塗料には利用しません。若葉の時期は葉が傷つきやすいので、肌に触れたりしないように注意が必要です。ハゼノキ（P.254）やヤマハゼ（P.255）に似ていますが、本種は葉に毛があり、葉の幅がやや広く、果実に剛毛が生えるので区別できます。

 日本では縄文時代から漆が使われており、中国より古いといわれています。

ムクロジ【無患子】

Sapindus mukorossi　ムクロジ科

別名	なし
分布	本州、四国、九州、沖縄
樹高	25m
花期	6月

●偶数羽状複葉で、長さ30〜70cm。小葉は4〜6対で、長さ7〜15cm、幅3〜4.5cm。小葉の縁は全縁

20%

花弁4〜5枚。小さく厚みがあります

秋になるとあめ色をした果実が目立ちます

葉がうっそうと茂ります

不思議！ 果皮を水につけて手でこすると泡が出る

しばしば人家周辺や公園、特に神社に多く植えられる落葉高木です。果皮は界面活性作用を持つサポニンを含むため、かつてはせっけんや洗剤として利用されました。枝先に花序を出し、淡黄緑色の小さい花をたくさんつけます。葉は秋に美しく黄葉します。葉は偶数羽状複葉で頂小葉がなく、葉がややずれて葉軸につきます。雌雄同株です。

樹皮は黄褐色で、古くなると大きくはがれ落ちます

羽状

全縁

互生

種子（核）は黒くてかたく、羽根つきの羽根や数珠に使われました。

ナンテン【南天】

Nandina domestica メギ科

常緑

別名：なし
分布：本州、四国、九州
樹高：1〜3m
花期：5〜6月

●ふつう3回奇数羽状複葉で、長さ30〜80cm。小葉は長さ3〜7cm、幅1〜2.5cm。小葉の先は鋭く尖り、全縁

20%

6弁の白い花。葯（やく）は黄色

林縁や林内でよく見かけます

果実はほぼ球形。果皮は薄く簡単にむけます

羽状
全縁
互生

樹皮は褐色で、縦に溝があります

葉は大きな羽状。鮮やかな赤い果実は薬用になる

葉に特徴があり、羽状複葉（うじょうふくよう）の小葉（しょうよう）がさらに2回分かれて3回奇数羽状複葉（きすううじょうふくよう）になります。枝先に大型の花序（かじょ）を出し、白い花を多数つけます。秋から冬にかけて実る果実は赤朱色で、白いものはシロミナンテンといいます。庭木としてよく植えられる常緑低木で、山地にも見られますがもともと野生だったかは疑問です。葉を強壮薬に、果実を煎じて咳止めに利用します。

ナンテンの響きが「難を転じる」ことに通じるため、縁起のよい木とされています。

シマトネリコ【島梣、島十練子】

Fraxinus griffithii モクセイ科

別名：タイワンシオジ
分布：沖縄、関東より西に植栽
樹高：10〜18m
花期：花期:5〜6月

●奇数羽状複葉で、15〜25cm。小葉は2〜5対で、長さ3〜10cm、幅2〜4cm。小葉はゆがんだ長卵形で、短い葉柄があり、全縁

原寸

樹皮は暗褐色、円形の皮目が入ります

白い小さな花が円錐花序に多数つきます

花序が大きく、花期には木を覆います

人気のある庭木で、玄関前などによく植えられる

熱帯〜亜熱帯に分布する常緑高木ですが、耐寒性があるようで、西日本では露地で栽培でき、東京近辺でも庭木や公園樹としてよく植えられています。花序は大きく、花期には枝を覆うように小さな花を咲かせます。果実は翼果で、鈴なりに実る姿が目立ちます。よく似たシマタゴは、奄美大島や沖縄に分布し、小葉に鋸歯があります。

くらべる

トネリコ【梣】

シマトネリコとよく似ているが、大きな違いは落葉高木であること。また、葉はシマトネリコより大きく色も濃い。材は野球のバットなどに利用される。

羽状

全縁

対生

 観葉植物としても栽培されます。また、建築材や器具材に使われます。

ヤチダモ【谷地梻】

Fraxinus mandshurica　モクセイ科

別名：なし
分布：北海道、本州
樹高：25〜30m
花期：4〜5月

雄花序。花には花弁がありません

●奇数羽状複葉で、長さ30〜50cm。小葉は長さ6〜15cm、幅2〜5cm。小葉の先は急に細くなり尖り、細かい鋸歯がある。表は無毛、裏は脈上に毛が生える

30%

●葉裏の小葉の付け根に褐色の毛を密生する

幹は直径2mほどになります

樹皮は灰白色。縦に深く裂けます

羽状
全縁
対生

畦に並ぶまっすぐな木々。かつて稲作で使われた名残

山地の渓流沿いや湿地に生える落葉高木です。かつて、北陸地方では水田の畦に植え、刈り取った稲を干す稲架に利用しました。雌雄異株で、葉の展開前に花序を出して花をつけます。両性花は1本の雌しべと2本の雄しべからなり紫褐色、雄花は2本の雄しべだけで黄色です。材はタモとよばれ、加工しやすく建築材や家具材、楽器など幅広く利用されます。

 和名のヤチは「湿地（谷地）」に生える木という意味。タモは「霊」で樹霊信仰からなどの説があります。

08

南の国の似て非なる植物〜ソテツとヤシ

　真っ青な空を背景に、強い太陽の光がよく似合うソテツやヤシ。九州や沖縄を中心とした暖地でよく見かける植物です。羽のような濃緑色の葉を茂らせる姿は一見似ていますが、分類上は全く違う科の植物です。ソテツは裸子植物の仲間で、ヤシは単子葉植物で被子植物の仲間です。

羽状複葉の長さは50〜200cm。6〜8月の花期には、円柱状の雄花（円内）が目立つ。

ソテツ【蘇鉄】

Cycas revoluta　ソテツ科

常緑低木で、暖地では神社や庭園などに植栽されている。沖縄などでは飢饉のときに、種子や幹を砕き水にさらし有毒成分を除き、デンプンを採って救荒食物として利用された。花粉の中の精子を発見報告したのは、帝国大学助教授の池野成一郎で1896年のこと。名前は、株が弱って枯れそうなときに、鉄くずを与えたり鉄くぎを刺したりすると蘇るといわれることから。

カナリーヤシ【カナリー椰子】

Phoenix canariensis　ヤシ科

俗にフェニックスともよばれる。カナリー諸島が原産地で、世界で最も古くから栽培されている植物のひとつ。ヤシの仲間の中では耐寒性が強く、南関東以南では露地栽培ができ、暖地では公園や並木道に植えられる。葉痕が波状の模様になって残るのが特徴で、この隙間に風や鳥に運ばれたシダの胞子やほかの植物の種子が芽生え、育っていることがある。

雌雄別株で、茎の直径は約50cm。葉は羽状複葉で質はかたく先が尖り、長さ4mほど。花序はほうき状に枝分かれする。果実（円内）は楕円形で、はじめ黄色をしており、のちに橙色に熟す。

サンショウ【山椒】

Zanthoxylum piperitum　ミカン科

別名：ハジカミ
分布：北海道、本州、四国、九州
樹高：1.5〜3m
花期：4〜5月

枝先の花序に小さな淡黄緑色の花をつけます

● 奇数羽状複葉で、長さ5〜18cm。小葉は5〜9対で、長さ1〜5cm、幅0.5〜2cm。波状の鋸歯がある

70%

● 小葉の表は主脈がへこむ

幹の直径は8〜15cmになります

樹皮は灰褐色。若い枝は黄緑色〜赤褐色で枝には鋭いとげが対生。とげは表皮が突起したものです

古くから香辛料などに活用されてきた香り高い木

丘陵や低山地のやや湿り気の多い林内や林縁に生え、庭や畑でも栽培される落葉低木です。雌雄異株で、若葉は「木の芽」ともよばれ、さわやかな香りがあり料理の薬味や彩りに用います。材はかたく香りがあることから、すりこぎなどに利用します。種子には強い辛みがあり、未熟なものは実山椒とよばれ佃煮にし、熟したものはひいて粉山椒にします。

羽状

鋸歯縁

互生

くらべる

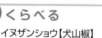

イヌザンショウ【犬山椒】

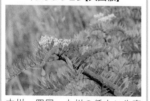

本州、四国、九州の低山に生育し、香りはサンショウより劣る。葉が細長い披針形をしており、枝のとげが互生に出る。

栽培品種に、とげがなく果実の大きいアサクラザンショウがあります。

センダン【栴檀】

Melia azedarach　センダン科

別名：	オウチ
分布：	四国、九州、沖縄、小笠原諸島
樹高：	7〜10m
花期：	5〜6月

●2〜3回羽状複葉で、長さ30〜80cm、幅25〜70cm。小葉の長さは3〜6cm、幅1〜2.5cm。小葉の先は尖り、粗い鋸歯がある

20%

花序の長さは10〜15cm

葉は大きい。生長が早く大木となります

梅雨入り前、淡紫色の花が木を包むように美しく咲く

海岸近くの日当たりのよい場所に生え、公園樹や街路樹、学校などに植えられる落葉小高木・高木です。若枝の葉腋から花序（かじょ）を出して、淡紫色の花を多数つけます。果実や樹皮は回虫などの駆虫薬（くちゅうやく）に、また、漢方で果実は整腸や腹痛、あかぎれなどに用いられます。香木の栴檀（せんだん）はビャクダン（ビャクダン科）のことで、ジャワ島など熱帯に分布する別の樹木です。

樹皮は赤褐色、粗く割れます

羽状

鋸歯縁

互生

　果実が数珠のようにつく様子からセンダマ（千玉）とよび、それが変化した名といわれます。

オニグルミ【鬼胡桃】

Juglans mandshurica var. *sachalinensis*

落葉

クルミ科

別名：なし
分布：北海道、本州、四国、九州
樹高：7〜10m
花期：5〜6月

雄花序は10〜22cmで垂れ下がります

大きな葉をつけた枝を横に広げ、川辺に茂る

川沿いの湿気の多い場所に生える落葉小高木・高木で、生長すると高さ25mになるものもあります。雄花序は下垂し、小さな雄花が密集します。雌花序は枝先に直立してつき、7〜10個の花をつけます。材は良質な家具材などとして利用されます。種子はリスなどの動物によって分布が広げられる（動物散布）ほか、川沿いでは水流によっても運ばれます（水流散布）。

しばしば河川敷に群生しています

樹皮は暗灰色で、縦に割れ目が入ります

果実（堅果）はとてもかたいのが特徴。一般的なクルミと同様、種子は食用になります

羽状

鋸歯縁

互生

📖 フィールドノート

リスはクルミが好物。集めた果実は巣ではなく、縄張りの周辺に埋めて貯蔵し冬に備える。忘れられて掘り起こされなかったものが芽生えて増え、広範囲に広がる。この動物散布の仕組みで、オニグルミも種子が運ばれる。

 縄文時代から食用にされていたようで、遺跡からオニグルミの実が出土しています。

原寸

65%

●葉軸には褐色の
毛が生える

🔍くらべる

サワグルミ【沢胡桃】（葉）

葉の長さは20〜30cmで、小葉は5
〜10対。オニグルミより小葉の幅が
狭く、脈上に毛があり、ほかはほと
んど無毛。果実は下垂した花序に
10〜30個つく。食用にはならない。

●奇数羽状複葉で、長さ40〜60cm。
小葉は4〜9対で、長さは8〜18cm、
幅3〜8cm。小葉の先端は鋭く尖り、
縁に尖った細かな鋸歯がある。表はほ
ぼ無毛、裏は毛が密生する

タラノキ【楤木】
Aralia elata ウコギ科

別名：なし
分布：北海道、本州、四国、九州
樹高：2〜5m
花期：8月

花序の長さは30〜50cm

●2回奇数羽状複葉で、長さ50〜100cm。羽片は2〜4対で、小葉は長さ5〜10cm、幅3〜7cm。小葉の先は鋭く尖り、縁に不ぞろいな鋸歯がある

10%

樹皮は灰褐色。円い皮目があり、数多くのとげがあります

葉が大きく、高さ10mになるものもあります

まっすぐ伸び樹皮に短いとげ。葉がなくてもそれとわかる

丘陵や低山地の崩壊した斜面、荒れ地などに生え、食用に栽培もされる落葉低木・小高木です。今年枝の基部の葉腋から花序を出して、淡紫色の花を多数つけます。ふつう花序の上部に両性花、下部に雄花がつきます。小葉や葉軸に鋭いとげがあり、触れると痛いので注意が必要です。樹皮にも鋭いとげが多数生え、幹はたいてい枝分かれせずにまっすぐ伸びます。

羽状
鋸歯縁
互生

📖 フィールドノート

若芽は山菜の「タラの芽」として天ぷらなどにする。 山菜採りでは木が枯れないよう、全部は採らないことが大切だ。

とげがほとんどないメダラという品種もあります。

ナナカマド【七竈】

Sorbus commixta バラ科

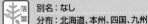

落葉

| 別名：なし |
| 分布：北海道、本州、四国、九州 |
| 樹高：6〜10m |
| 花期：5〜7月 |

●奇数羽状複葉で、長さ13〜20cm。小葉は4〜7対で、長さ3〜9cm、幅1〜2.5cm。小葉の先端は鋭く尖り、縁に浅く鋭い鋸歯または重鋸歯がある

60%

●小葉の付け根は左右が不ぞろい

直径6〜10mmの花が房状に集まります

肥沃で日当たりのよい場所を好みます

四季を通して美しい。色づく果実と紅葉に目を見張る

秋の紅葉と赤く熟した果実が美しく、寒暖の差が大きい地域ではより目立ちます。山地〜亜高山帯にふつうに生え、庭木や公園樹、街路樹として植えられる落葉小高木・高木です。枝先に花序（かじょ）を出して多数の白い花をつけます。材はかたく緻密で、木づちなどの器具材や薪炭材（しんたんざい）として利用されます。ヨーロッパでは、この木で十字架をつくり魔除けに使ったといいます。

樹皮は、若木では淡褐色でやや滑らか。成木になると暗灰色で浅く裂けます

羽状

鋸歯縁

互生

 名前は、材を7回かまどに入れても燃えずに残ることから、といわれます。

ノイバラ【野薔薇、野茨】

Rosa multiflora バラ科

落葉

別名：ノバラ
分布：北海道、本州、四国、九州
樹高：2m
花期：5〜6月

花序に、2cmほどの白色の花を多数つけます。花柱は無毛

●奇数羽状複葉で、長さ10cmほど。小葉は3〜4対で、長さ2〜5cm。小葉は薄くてやわらかく、先端は尖り、鋸歯は鋭い

95%

●葉の付け根には托葉がある

こんもりとブッシュ状に茂ります

羽状

鋸歯縁

互生

樹皮は黒紫色で、枝にかぎ形のとげがあります

万葉の昔から愛されてきた野のバラ

野生のバラで、低地や山地にふつうに生える落葉低木です。本種から園芸品種も多数つくられ、接ぎ木の台木にも利用されます。葉の付け根に鋭いとげがあり、ほかの植物などに引っかかりながら生長します。漢方では乾燥した実を営実（えいじつ）といい、利尿薬や便秘薬として利用します。『万葉集』には、別れを悲しむ妻の気持ちをノイバラに託した防人の歌があります。

❖ 道の辺の 茨（うまら）の末（うれ）に 這ほ豆（は）の からまる君を 別れか行かむ（茨＝ノイバラ、巻20-4352）

ハマナス【浜茄子】

Rosa rugosa　バラ科

別名：ハマナシ
分布：北海道,本州
樹高：1〜1.5m
花期：5〜8月

●奇数羽状複葉で、長さ9〜15cm。小葉は3〜4対で、長さ3〜5cm、幅2〜3cm。小葉の先はあまり尖らず、鋸歯がある

●葉柄の付け根に、耳のように張り出した托葉がある

60%

花の直径は約5〜8cm

栽培されたものが多く、自生地は少なくなっています

果実は直径2〜3cm。8〜9月に赤く熟します

果実にはビタミンCが多く含まれ、そのまま食用になる

海岸の砂地に生え、しばしば大群落をつくる落葉低木で、庭木や鉢植え、公園樹として植えられます。枝先に紅色あるいは紅紫色の花を1〜3個ずつつけます。ノイバラ（P.268）よりも葉にしわが多く、枝のとげも多い点で区別します。自生地は激減しており、東京都内の海浜公園などが整備された際に植栽されましたが、自然のものではありません。

樹皮は暗褐色。若い枝は緑色で、茎と枝は太く、扁平なとげと針のような小さいとげが混生しています

羽状

鋸歯縁

互生

 名前は、果実の味をナシの味にたとえてハマナシ、それが転訛してハマナスとなりました。

ニガキ【苦木】

Picrasma quassioides　ニガキ科

別名：なし
分布：北海道、本州、四国、九州、沖縄
樹高：6〜8m
花期：4〜5月

花序に小さい黄緑色の花を多数つけます

●奇数羽状複葉で、長さ15〜25cm。小葉は4〜6対で、長さ4〜8cm、幅1〜3cm。小葉の先端は尖り、細かい鋸歯がある

25%

地面に落ちた黄色い花で存在を気づかされます

羽状
鋸歯縁
互生

樹皮は、暗褐色〜紫色を帯びた黒褐色で、表面は滑らか。老木では裂け目が入ります

葉をかむと、苦みがいつまでも残る

葉や枝、樹皮などをかむと苦いことから、この名前がつけられました。山野の林内に生える落葉小高木です。材は、細工物などに利用され、樹皮を乾燥させたものは健胃薬に用いられます。本種と似ているキハダ（P.274）は、葉が対生しており鋸歯が低い点で見わけられます。春に伸びた枝は紫色がかった褐色で、まれに毛が生えます。

 乾燥させた葉などを煎じた汁は、家畜につく虫などの殺虫剤に使われました。

ヌルデ【白膠木】

Rhus javanica var. *chinensis* ウルシ科

別名：フシノキ
分布：北海道、本州、四国、九州、沖縄
樹高：4〜7m
花期：8〜9月

●奇数羽状複葉で、長さ20〜40cm。小葉は長さ5〜12cm、幅2〜8cm。小葉の先端は鋭く尖り、縁に粗い鋸歯がある

●葉軸には翼がある

25%

花序の長さ15〜30cm

樹皮は灰褐色です

幹の直径は10cmほどになります

葉の落ちた冬、枝に残っている葉柄に翼があれば本種

低地や低山地の林縁にふつうに見られる落葉小高木です。幹を傷つけると白色の樹液がしみ出し、これを木製品の塗料の原料に用いたことが名前の由来です。昔、虫こぶはお歯黒に使われたといいます。夏になると枝先に花序（かじょ）を出し、小さな黄白色の花を多数つけます。落葉しても葉軸（じく）が枝にいくつか残るので、翼（よく）があるか確認すれば、本種だとわかります。

📖 フィールドノート

葉にヌルデシロアブラムシなどが寄生して膨らんだ虫こぶは五倍子（附子（ふし））といい、タンニン原料として、医薬、媒染剤などに利用された。

羽状

鋸歯縁

互生

 果皮をなめると塩辛く感じます。リンゴ酸塩によるもので、シオノミという方言もあります。

ヒイラギナンテン【柊南天】

常緑

Berberis japonica　メギ科

別名：トウナンテン
分布：ヒマラヤ・中国・台湾原産、各地に植栽
樹高：3m
花期：3〜4月

●奇数羽状複葉で、長さ30〜40cm。小葉は5〜9対で、長さ4〜10cm、幅3〜6cm。小葉の先は針のように鋭く尖り、粗いとげのような鋸歯がある

25%

●主脈はよく目立つが、側脈はあまり目立たない

雄しべが6本あり、触れると内側に曲がります

果実は長さ8mmほどの卵形。中に種子が入っています

枝の上部に葉が集まり、幹があまり見えません

樹皮は灰褐色でコルク質。材は黄色をしています

羽状

鋸歯縁

互生

雄しべが動き花粉が虫につく。触って実験してみよう

庭木や公園樹としてよく植えられている常緑低木です。17世紀に日本に渡来したといわれています。葉は大きく、枝の上に集まってつきます。花は枝先に長さ10〜15cmの花序（かじょ）をつけ、黄色の小さな花を多数つけます。虫が来て雄しべに触ると、動いて虫の背中に花粉（かふん）をつける動きをします。果実はほぼ球形で、6〜7月に黒紫色に熟し、粉っぽくなります。

ヒイラギ（P.230）のような鋸歯があり、ナンテン（P.258）に似ていることからついた名。

アオダモ【青梻】

Fraxinus lanuginosa f. *serrata*　モクセイ科

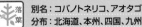

別名：コバノトネリコ、アオタゴ
分布：北海道、本州、四国、九州
樹高：5〜15m
花期：4〜5月

●奇数羽状複葉で、長さ12〜25cm。小葉は3〜5枚で、長さ4〜10cm、幅1.5〜3.5cm。小葉の先は鋭く尖り、縁に鋸歯がある

60%

花冠の裂片は6〜7mm（写真は両性花）

●小葉はほとんど柄がない

樹皮は暗灰色

1つの株に雄花と両性花をつけます

野球のバットの材料に使われることでよく知られる

山地に生える落葉小高木・高木です。本種はケアオダモの一品種で、枝や花序、芽などにほとんど毛がないタイプのものです。花序に白色の小さい花を多数つけます。材には粘りがあり、野球のバットやテニスのラケットなどの運動具に利用され、特に硬式野球のバットの材として有名です。よく似たトネリコ（P.259）は小葉が5〜7枚で、柄があります。

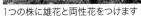

🔍 くらべる

マルバアオダモ【丸葉青梻】

葉の鋸歯がはっきりしないので、アオダモと区別できる。また、冬芽が青灰色の粉状毛に覆われ、ほかの仲間との区別点になる。

羽状

鋸歯縁

対生

 切り枝を水につけると青色に変化するとされこの名がつきましたが、青くならないようです。

273

キハダ【黄膚、蘗】

Phellodendron amurense ミカン科

別名：ヒロハノキハダ
分布：北海道、本州、四国、九州
樹高：10〜15m
花期：5〜7月

花序は長さ7〜13cm。花弁内側に白毛が密生

●奇数羽状複葉で、長さ20〜50cm。小葉は長さ5〜10cm、幅3〜5cm。小葉の先は尾状に尖り、縁に浅い鋸歯がある。表は無毛、裏は無毛あるいは主脈の付け根に毛が生える

25%

木目がはっきりしています

羽状

鋸歯縁

対生

樹皮は灰黒色あるいは黒褐色。コルク層が発達し、縦長の溝があります

名前の由来は黄色い内皮。葉をちぎるとミカンの香り

沢沿いの林内などに生える落葉高木です。5〜7月に、枝先に花序を出し黄緑色の小さな花を多数つけます。内皮は漢方で黄柏といい、胃腸薬や外用薬としての効果があるとされます。黄蘗色とよばれる黄色の染料でもあります。アイヌではこの木でつくった木幣を儀式に使い、また、アイヌは黄色を尊ぶことから、信仰に関係するものはキハダで染めたといいます。

 樹皮の内側の皮（内皮）が鮮やかな黄色であるため、この名がつけられました。

ゴンズイ【権翠】

Staphylea japonica ミツバウツギ科

別名：なし
分布：本州、四国、九州、沖縄
樹高：3〜8m
花期：5〜6月

● 奇数羽状複葉で、長さ15〜40cm。小葉は2〜5対で、長さ5〜9cm、幅2〜5cm。小葉の先は尖り、浅い鋸歯がある

35%

花は小さく、直径3〜4mmほど

初秋、赤く熟した肉質の袋果の中から黒い種子が露出します

まとまりのない樹形となります

果皮の赤と種子の黒の対比が印象深い

やや乾燥した日当たりのよい雑木林の林縁などに生える落葉小高木です。枝先に花序を出し、黄白色の小さな花を多数つけます。材に独特のにおいがあり、薪にする以外に使い道のない木で、食用に向かず役立たずとされた魚のゴンズイにたとえて名前がついた、ミカン科のゴシュユに似るから、果実を天人五衰にたとえそれが転訛、など諸説あります。

樹皮は、若い木では灰褐色。成木は黒褐色で、縦長の白い皮目が目立ちます

羽状

鋸歯縁

対生

❖❖❖ 天人五衰とは、仏教用語で天人の死の直前に現れる5つの兆しのことです。

275

ニワトコ【庭常、接骨木】

Sambucus racemosa subsp. *sieboldiana*　ガマズミ科(レンプクソウ科)

落葉

別名：なし
分布：本州、四国、九州
樹高：2〜6m
花期：3〜5月

花序は長さ、幅ともに3〜10cm

よく枝分かれしてこんもりした樹形になります

羽状

鋸歯縁

対生

樹皮は黒灰色。厚いコルク質が発達し、深くひび割れます

●奇数羽状複葉で、長さ15〜45cm。小葉は2〜6対で、長さ3〜10cm、幅1〜4cm。小葉の先は鋭く尖り、細かい鋸歯がある

30%

ニワトコの冬芽には、この写真のように葉と花が入った混芽と、葉だけの葉芽の2種類がつきます

民間治療や理科の実験でお役立ちの木

丘陵から山地の林縁などに生える落葉低木・小高木です。枝先に花序を出し、多数の花をつけます。本種の枝や葉を輪切りにして乾燥させたものを接骨木といい、民間薬ではこれを煎じて骨折した部分の湿布に用いるほか、利尿やむくみの解消に効能があるとされます。冬芽の混芽は球形で大きく目立ちます。名前のいわれは、はっきりしません。

 かつて、葉などの断面を顕微鏡観察するとき、本種の髄で挟み薄く切り切片をつくりました。

ツタウルシ【蔦漆】

Toxicodendron orientale ウルシ科

別名	なし
分布	北海道、本州、四国、九州
樹高	3m（つるの長さ）
花期	6〜7月

●葉は三出複葉。中央の小葉は長さ5〜15cm、横の小葉は5〜12cm。小葉の先は短く尖り、全縁、幼木には粗い鋸歯がある

30%

花弁は5枚で黄緑色

葉は、はい登って枝を横に広げます

要注意植物。触るとひどくかぶれるおそれがある

山地の落葉樹林内に生える落葉つる性木本です。ウルシ属の中で本種だけが三出複葉です。つるから気根を出してほかの木の幹をはい登ります。雌雄異株で、初夏に葉腋から花序を出して、黄緑色の小さな花を多数つけます。葉にはウルシオールとラッコールという漆成分が大量に含まれ、触れるとかぶれるので注意が必要です。秋には、紅葉あるいは黄葉します。

樹皮は黒褐色。枝には小さい赤褐色の皮目が多数できます

三出
全縁
互生

つるがツタに似ていることから、この名前がつきました。

277

ヤマハギ【山萩】

Lespedeza bicolor　マメ科

別名：なし
分布：北海道、本州、四国、九州
樹高：1～2m
花期：7～9月

花は長さ11～15mmほど

原寸

● 葉は三出複葉。中央の小葉は長さ2～4cm。小葉の先は円く、縁は全縁。表は無毛あるいはまばらに毛がある。葉裏にも毛が生える

冬に地上部は枯れてしまいます

三出

全縁

互生

樹皮は褐色です

山野でふつうに見られるハギの仲間

多くの細い枝が分かれて伸び、日当たりのよい林縁や草地などでふつうに見られ、草と木の中間の性質を持つ落葉低木です。葉腋に花序を出し、紅紫色の蝶形花を2個ずつ対につけます。花序は、基部につく葉より長くなります。庭木や生け垣などに植えられ、花は切り花として利用します。冬には枝の大半は枯れてしまい、春に新しい枝が伸びてきます。

 ハギは「秋の七草」のひとつ。古くから歌に詠まれ、『万葉集』でも最も多く登場します。

マルバハギ【丸葉萩】

Lespedeza cyrtobotrya マメ科

別名：なし
分布：本州、四国、九州
樹高：1〜2m
花期：8〜10月

●葉は三出複葉。小葉は長さ2〜4cmで、無毛。小葉の先はへこむ。縁は全縁

原寸

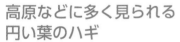

萼裂片が針状になっています

花序は基部の葉より短く、ほかと区別できます

細枝をたくさん出して茂ります

樹皮は褐色です

三出　全縁　互生

高原などに多く見られる円い葉のハギ

日当たりのよい山地にふつうに見られる落葉低木です。庭木や公園樹として植えられます。葉腋から短い総状花序を出し、花穂に紫紅色で蝶形の花を密につけます。

ハギの仲間はよく似ていて区別が難しいのですが、本種は花序が短いこと、萼裂片の先端が針状に尖り萼筒より長いこと、葉裏に圧毛（密着して寝ている毛）があることをチェックするとよいでしょう。

ハギは「生え芽（き）」という意味で、春に芽を出すことからです。

カラタチ【唐橘、枸橘】

Citrus trifoliata ミカン科

別名：キコク
分布：中国原産、各地に植栽
樹高：2～3m
花期：4～5月

白い5弁花。直径約5cm

●葉は三出複葉。小葉は長さ1.5～3.5cm、幅1～2cm。頂小葉は、ほかより大きい

原寸

●葉柄には翼がある

果実は10月頃に成熟します

長さ5cmにもなる扁平なとげが互生します

三出
鋸歯縁
互生

樹皮は灰緑褐色。褐色の縦じまがあります

北原白秋作詞、童謡「からたちの花」で知られる花

中国原産で薬用として古い時代に渡来し各地で栽培され、野生化もしています。枝に鋭いとげが多い落葉低木で、動物の侵入を防いだりするため、生け垣などに利用されてきました。また、かんきつ類の台木としても使われます。葉が展開する前に、香りある白色の花をつけます。果実は、果肉の香りはよいものの苦みが強く種子が多いので食用には向きません。

 唐から渡ってきた橘「カラタチバナ（唐橘）」を略して、この名がつけられました。

ミツデカエデ【三手楓】

Acer cissifolium ムクロジ科

別名：なし
分布：北海道、本州、四国、九州
樹高：8〜10m
花期：4〜5月

45%

●葉柄は赤く長い
ものが多い

●葉は三出複葉。小葉は薄く、長さ
4〜8cm、幅2〜4cm。小葉の先
は尾のように尖り、縁に切れ込んだ
粗い鋸歯がある

花序の長さは5〜15cm

幹の直径は10〜20cmほどになります

樹皮は灰褐色でやや滑らかです

これもカエデの仲間？ と疑いたくなるような葉の形

山地に生える落葉高木で、日本固有種です。比較的明るい場所を好み、渓流沿いや林道脇などに多く見られます。庭木や公園樹、街路樹として植えられます。雌雄異株で、葉の展開後に枝先や側芽から花序を垂らし、淡黄色の花を20〜40個つけます。カエデ類の葉はふつう単葉で、三出複葉は本種とメグスリノキ（P.282）くらいです。材は薪や炭などに利用されます。

三出

鋸歯縁

対生

葉が小葉3枚で構成されることから、この名前がつきました。

281

メグスリノキ【目薬の木】

Acer maximowiczianum ムクロジ科

落葉

別名：チョウジャノキ
分布：本州、四国、九州
樹高：10〜15m
花期：5月

花序に雄花を3〜5個、雌花を1〜3個つけます

40%

●葉柄には毛が密に生える

●葉は三出複葉。小葉は長さ5〜12cm、幅2〜3cm。小葉の先は短く尖り、波状の大きな鋸歯がある。裏は淡緑色で毛がある

幹の直径は30〜40cmになります

三出

鋸歯縁

対生

樹皮は灰褐色。成木では縦に裂けます

真っ赤に紅葉した姿はひときわ目立ち、実に美しい

日本固有種で、山地の谷間などに生え、庭木として植えられる落葉高木です。雌雄異株で、葉の展開とほぼ同時に枝先に花序を出し、淡黄緑色の花を咲かせます。葉が三出複葉で対生する樹木は、本種とミツデカエデ（P.281）、ミツバウツギ（P.283）がありますが、どれも葉の特徴が違います。和名は、民間療法で樹皮を煎じて洗眼に使うとされていることからです。

埼玉県秩父市の慈眼寺は「目のお寺」として有名。境内に本種が植えられています。

ミツバウツギ【三葉空木】

Staphylea bumalda ミツバウツギ科

別名：なし
分布：北海道、本州、四国、九州
樹高：1.5〜3m
花期：5〜6月

●葉は三出複葉。中央の小葉は長さ8〜16cm、横の小葉は長さ3〜7cm。小葉の先は尖る

65%

花弁と萼片はともに白色

果実は蒴果で、幅2〜3cm。形で本種だとすぐにわかります

よく枝分かれして茂ります。若芽は山菜です

風船のような果実の形が面白い

林縁や山地の林縁や沢沿いなど、日当たりがよく湿り気のある所に生える落葉低木です。今年枝の先に出した円錐花序に白色の花を数個つけます。花には少し香りがあり、花弁は平開しません。果実は弓矢のおしりのような形で、平たく風船のように膨らみます。葉は対生してつき、左右の小葉には柄がありません。縁には芒状の鋸歯があります。

灰褐色で、浅い割れ目が縦に入ります

三出

鋸歯縁

対生

三出複葉でウツギ（P.212）のような白い花を咲かせることからついた名前です。

アケビ【木通、通草】

Akebia quinata　アケビ科

落葉

別名：なし
分布：本州、四国、九州
樹高：3〜7m（つるの長さ）
花期：4〜5月

萼片は3枚、花弁はありません

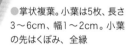

75%

●掌状複葉。小葉は5枚、長さ
3〜6cm、幅1〜2cm。小葉
の先はくぼみ、全縁

樹皮は暗褐色で、浅い割れ
目があり、鱗状になります

果実は熟すと縦に割れます

掌状
全縁
互生

くらべる

ミツバアケビ【三葉木通】

アケビ科の落葉つる性木本。三出
複葉で互生し大きな波状の鋸歯が
ある。花はアケビより色が濃い濃
紫色でやや大きい。果皮や甘い果
肉、若い芽を食用とする。

果実は秋の味覚。野山で見つけるとうれしくなる

山野にふつうに生え、庭木、鉢植え、盆栽などとして利用される落葉つる性木本です。垂れ下がった花序の先端に数個の雄花を、基部に雌花を1〜2個つけます。雌花は大きく紅紫色、雄花は小さく淡い紫色をしています。果肉は甘く、果皮、若葉も食用となります。つるは細工物や薬用に利用します。学名の属名 *Akebia* は和名の「アケビ」からつけられました。

　名前の由来は、果実が開く様子を現す「開け実」「あくび」が変化したなど諸説あります。

ムベ【郁子】

Stauntonia hexaphylla アケビ科

常緑

別名：トキワアケビ、ウベ
分布：本州、四国、九州、沖縄
樹高：5〜6m（つるの長さ）
花期：4〜5月

● 葉は掌状複葉で厚みがある。小葉は
長さ5〜10cm、幅2〜4cm。小葉の
先は短く尖り、全縁

45%

● 裏は淡緑色で細か
い網のような脈がある

花弁はない。萼片が6枚あります

つるは太さは直径8cmほどになります。円内は果実

アケビに似た甘い果実。
ただ、熟しても開かない

常緑樹林内や林縁に生え、庭木や生け垣、
鉢植え、盆栽などとして利用される常緑
つる性木本です。葉腋から短い花序を出
し、淡黄白色の花を3〜7個つけます。
芽出しの葉は単葉ですが、生長にともな
い小葉の数が3枚、5枚と増えていき、
7枚になる頃に果実が実ります。若い芽
はおひたしに、茎や葉は強心剤・利尿剤
として用いられます。

掌
状

全
縁

互
生

樹皮は暗緑色と灰白色のまだら模様

昔、宮中に献じられた際に苞宜（オオムベ）とよばれ、それがムベになったといわれます。

コシアブラ【漉し油】

Chengiopanax sciadophylloides　ウコギ科

別名：ゴンゼツノキ、ゴンゼツ
分布：北海道、本州、四国、九州
樹高：7〜10m
花期：8〜9月

円垂花序に多数の花をつけます

●葉は掌状複葉。中央の小葉は長さ10〜20cm、幅4〜9cm。小葉の先は短く尖り、尖った不規則な鋸歯がある。上面の脈上に毛がある

30%

幹の直径は20〜30cmになります

樹皮は灰白色、楕円形の皮目がまだらにあります

掌状

鋸歯縁

互生

黄葉した葉は透き通り、晩秋の日ざしを受けて薄黄色に輝く

若芽は山菜として人気があり、天ぷらなどにします。山地の林内に生える落葉小高木・高木で、日本固有種です。枝の先端に花序を出し、黄緑色の花を多数つけます。材は白く、下駄などに利用します。また、樹脂をこして金漆というさび止め用の油（塗料）がつくられ、それが和名と別名の由来となっています。似ているタカノツメの小葉は3枚、本種は5枚です。

 山形県米沢市で受け継がれている工芸品、笹野一刀彫（おたかぽっぽ）の材料です。

ヤマウコギ【山五加木】

Eleutherococcus spinosus　ウコギ科

別名：オニウコギ、ウコギ
分布：本州
樹高：2〜4m
花期：5〜6月

60%

雄花（写真）では、雄しべが目立ちます

● 葉は掌状複葉で小葉は長さ3 〜 7cm、幅1.5 〜 4cm。小葉の先は短く尖り、粗い鋸歯がある

樹皮は灰褐色。縦に長い皮目があります

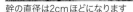

幹の直径は2cmほどになります

掌状複葉の樹木の中では比較的多い木

丘陵や山地の林内などに生える落葉低木・小高木で、日本固有種です。かつては生け垣として植えられました。雌雄異株で、短枝の先に花序を 1 個出し、黄緑色の小さな花を多数つけます。本種の仲間のウコギ属は日本に 6 種あり、代表的なものに、葉に細かい毛が多いケヤマウコギ、ミヤマウコギ、ヤマウコギに似ていて重鋸歯を持ち枝にとげを持つことが多いオカウコギがあります。

📖 フィールドノート

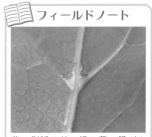

葉の側脈の付け根に薄い膜がある。この部分は「ダニ部屋」と呼ばれ、中にダニがいる。ダニ部屋はクスノキでも観察できる。

掌状

鋸歯縁

互生

 若葉を天ぷらなどにします。かつて、ウコギは救荒食物として人家に植えられました。

トチノキ【栃の木】
Aesculus turbinata　ムクロジ科

別名：なし
分布：北海道、本州、四国、九州
樹高：20〜30m
花期：5〜6月

花序は長さ15 〜 25cm。大きくて目立ちます

幹は直径は2mほどになります

25%

●葉は掌状複葉で小葉は5 〜 9枚。中央の小葉は長さ15 〜 30cm、幅4.5 〜 12cm。小葉の先は短く急に尖り、縁に粗い鋸歯がある

掌状

鋸歯縁

対生

樹皮は黒褐色。大きな波状の斑紋があり、割れてはがれます

山で見る姿は、枝を剪定されないので威風堂々としている

山地の沢沿いの肥沃な場所に生え、公園樹や街路樹、緑化樹として植えられる落葉高木です。枝先に直立した花序を出し、多数の花が横向きにつきます。1つの花序に雄花と両性花が混生します。種子は渋抜きをしたものをとち餅などにし、材は家具材、建築材、玩具などに利用します。枝先についた葉がホオノキ（P.70）と似ていますが本種は鋸歯があり区別できます。

ヨーロッパ各地で街路樹として利用されているセイヨウトチノキの果実には、短いとげ ↗

果実は直径3 〜 5cmで表面にこぶ状の突起があります。9月に熟して3つに割れ、1 〜 2個のクリのような種子を出します

くらべる

ベニバナトチノキ【紅花栃の木】

アメリカ南部原産のアカバナトチノキとセイヨウトチノキとの交雑種で、街路樹として各地に植えられている。 花は紅色。

＼ があるのが特徴です。日本でも街路樹として使われています。

289

クロマツ【黒松】

Pinus thunbergii マツ科

別名：オマツ
分布：本州、四国、九州、沖縄
樹高：40m
花期：4〜5月

1つの雄花の長さは1.5〜2cm

● 葉身は針形でかたく、長さ10〜15cm、幅1mmほど。2本の葉が短枝に束生する。葉の先は尖る

原寸

● 光沢はあまりない。葉の基部は、褐色の鱗片がある

25%

● 葉先は触ると痛い

幹は直径1.5mほどになります

針葉

束生・輪生

樹皮は黒褐色。亀甲状に深く割れます

美しい海岸風景の典型である白砂青松をつくるマツ

黒っぽい幹が名前の由来です。日当たりのよい海岸の砂浜や岩場などに自生する常緑高木です。防砂林、防潮林、庭木などとして広く植えられています。雄花は今年枝の基部に数多くつき、楕円形で基部に苞があり、その先に多数の雄しべがらせん状に密生します。雌花は球形で紫紅色、今年枝の頂部に2〜4個つきます。材は建築の構造材などに利用します。

クロマツには、風霧防止、防炎機能、防潮機能があり、海岸林として役立てられています。

アカマツ【赤松】

Pinus densiflora　マツ科

常緑

別名：メマツ
分布：北海道、本州、四国、九州
樹高：25〜30m
花期：4〜5月

●葉身は針形でかたく、長さ7〜12cm、幅1mmほど。2本の葉が短枝に束生する。葉の先は尖る

90%

●光沢がややあり、葉の基部に赤褐色の鱗片がある

25%

●葉先は、触っても痛くない

雄花は楕円形で多数つきます

幹の直径は1.2〜1.5mほどになります

痩せた土壌や岩場に生育するたくましい木

名前のとおり赤褐色の樹皮が特徴で、場所によって根元にマツタケが生えることで知られます。山地に生え、庭木としても植えられる常緑高木です。今年枝の基部に淡黄色の雄花が多数つき、先に赤紅色の雌花が2〜3個つきます。尾根など痩せた土壌や荒廃した土地、乾燥地にも耐え、防風林などとしても植えられます。材は建築の梁など構造材として利用します。

針葉

束生・輪生

樹皮は赤褐色。老木では赤灰色となり、深い割れ目があります

 別名のメマツは、葉がクロマツに比べてやわらかいことからついた名です。

カラマツ【唐松、落葉松】

Larix kaempferi　マツ科

別名：フジマツ、ニッコウマツ
分布：本州
樹高：30m
花期：4〜5月

雌花の様子。長さは4mmほど

●葉身は線形でやわらかく、長さ2〜3cm、幅1〜2mm。葉の先は尖るが触っても痛くない

原寸　表

●黄緑色をしている

原寸　裏

●白い線（気孔群）がある

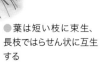
50%

●葉は短い枝に束生、長枝ではらせん状に互生する

幹は直径1mほどになります

針葉

束生輪生

樹皮は暗灰色。粗く割れて、鱗片状にはがれ落ちます

「落葉松と焚火」の歌でも有名な樹木

山地に生え、寒冷地では公園樹や庭園樹などとして植えられる落葉高木で、日本固有種ですが、現在はほとんどが植林されたものです。雌雄同株で、雄花と雌花は短枝の先につき、雄花は楕円形で黄色を帯び、雌花は卵形で紅紫色です。葉は短枝に放射状につき、その様子から簡単に見わけられます。秋には黄葉します。材は建築、船舶、家具などに利用されます。

 名前は、葉のつき方が唐絵（からえ）に描かれるマツに似ていたことからつけられました。

ゴヨウマツ【五葉松】

Pinus parviflora var. *parviflora*　マツ科

常緑

別名：ヒメコマツ、マルミゴヨウ
分布：北海道、本州、四国、九州
樹高：20～30m
花期：5月

●針形の葉は、ややねじれる。長さ3～6cm。縁にはまばらに微鋸歯がある。葉の先は触っても痛くない

●側面には白色の気孔群があるが、はっきりしないものもある。葉の断面は三角形

原寸

40%

●葉は短枝に5本束生する

雄花は紫紅色。雌花は淡緑色あるいは紫紅色

幹の直径は0.6～1m。葉が密生しないため、樹冠が薄く見えます

葉が5本ずつつくマツ、盆栽で人気がある

山地の尾根や岩上、溶岩流の上などに多く生える常緑高木で、庭木、盆栽などとして利用されます。葉は5本ずつ枝につき、名前の由来にもなっています。風衝地（ふうしょうち）などでは、高さ2～3mの低い個体も見られます。和名は5本の松葉を持つマツの総称にも使われ、ハイマツ、ヤクタネゴヨウ、チョウセンゴヨウ、キタゴヨウなどがこれにあたります。

針葉

束生・輪生

樹皮は赤褐色ないし暗灰色。浅く割れて薄くはがれます

 材は均質で、建具、建築などに利用します。

ヒマラヤスギ【ひまらや杉】

Cedrus deodara　マツ科

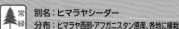

常緑

別名：ヒマラヤシーダー
分布：ヒマラヤ西部・アフガニスタン原産、各地に植栽
樹高：25〜30m
花期：10〜11月

雄花は円柱形で、長さ2〜5cm

● 葉身は針形で、長さ4cmほど。葉の先は尖る

● 銀緑色をしている

90%

● 葉は20〜30本が短枝にまとまる。短枝は、長枝にらせん状につく

75%

球果は熟すと中軸から簡単に落ちます。落ちたものをブローチなどの飾りにします

枝がやや下がった円錐形。幹は直径1mほど

針葉

束生輪生

樹皮は灰褐色。古くなると鱗片状にはがれます

種形容語 *deodara* は「神木」という意味。古くから神聖な木

公園樹、庭園樹としてよく植えられる常緑高木で、日本には明治時代の初めに導入されました。雄花と雌花を別々の短枝の先に直立してつけます。雄花は円柱形で黄褐色、雌花は小さく淡緑色をしています。球果は1年後に褐色に熟します。材に香りがあり、日本ではほとんど利用されませんが、自生地では建築材として使われます。樹齢はふつう300年くらいです。

 ヒマラヤ産で葉がスギに似ていることから名前がつけられましたが、実際はマツの仲間。

スギ【杉】

Cryptomeria japonica　ヒノキ科

別名：オモテスギ
分布：本州、四国、九州
樹高：40〜50m
花期：3〜4月

● 葉身は針形で、多少湾曲する。長さ4〜12cm。
葉の先は尖るが触っても痛くない。
枯れると枝ごと落ちる

原寸

● 葉の4面に白色の
気孔群がある。葉の
付け根は太くなって
おり、枝との境がわ
かりにくい

50%

● 葉はらせん状につく

雄花は長さ約5mm。花粉を大量に出します

円錐形の樹形が特徴。幹の直径は1〜2m

植林があちこちで行われ、自然林と人工林の区別がつかない

山地や沢沿い、岩上、湿原周辺などに生
える常緑高木で、日本固有種です。重要
な建築材として広く植林されており、私
たちがふつう目にする杉林も植林された
ものです。太平洋側に多く、日本海側に
は多雪に適応した変種のアシウスギがあ
ります。雄花は枝先に多数つき、淡黄色
で楕円形をしています。雌花は緑色の球
形で、枝先に1つずつ下向きにつきます。

樹皮は茶褐色。縦に裂けて、細長い
薄片となってはがれ落ちます

針葉

束生・輪生

名前は、幹が直立している木「直木（すぎ）」から、すくすく育つ木、など諸説あります。

コウヤマキ【高野槙】

Sciadopitys verticillata　コウヤマキ科

常緑

別名：ホンマキ
分布：本州、四国、九州
樹高：30〜40m
花期：3〜4月

雄花の長さは7mmほど

●葉身は線形で、長さ6〜12cm、幅2〜4mmほど。葉の先はややへこむ

表　裏

●濃緑色で光沢がある。2葉が合着し1葉になった

原寸

●黄緑色を帯びる。中央のくぼみには白色の気孔群がある

原寸

短枝の先端には、葉が束生します

幹の直径は80cmほどになります

針葉

束生・輪生

樹皮は灰褐色〜赤褐色。縦に裂け、長い鱗片状にはがれます

「高野山の六木」のひとつとして、保護育成されている

日本固有種の針葉樹です。山地の岩場に生え、庭木として植えられる常緑高木です。雄花（おばな）は楕円形（だえんけい）で、20〜30個が枝先に密生し、長さ4cmほどの花序（かじょ）になります。雌花（めばな）は枝先に1〜2個つきます。材は上質で甘い香りがあり耐久性も高いため、建築材や風呂桶などに使われます。最近の分子系統解析によって、コウヤマキ科として独立した科になりました。

　別名のホンマキは、マキとよばれる材の中では最も優れていることから。

ネズミサシ【鼠刺】

Juniperus rigida　ヒノキ科

常緑

別名：ネズ、ムロ
分布：本州、四国、九州
樹高：5〜6m
花期：4月

●葉は針形。長さ1〜2.5cm、幅1mmほど。葉の横断面は鈍い逆三角形。葉先はとげ状に尖ってかたい

●表はV字形にへこみ、白い気孔群がある

原寸	原寸
表	裏

75%

●葉は3輪生する

雄花は長さ4〜5mm

樹皮は灰赤褐色。縦に裂け、薄くはがれます

大きなものでは高さ10mになります

ネズミサシが生えていたら、そこは痩せた土地

丘陵から山地の岩質地や尾根など痩せた土地に自生する常緑小高木で、庭木などとして植えられます。雌雄異株（しゆういしゅ）で、花期には雄花（おばな）、雌花（めばな）ともに前年枝（ぜんねんし）の葉腋（ようえき）につきます。材は建築材などに利用し、種子から採れる油は薬用などにします。葉先が尖っていて触れると痛い、枝をネズミの通る穴に差し込んで侵入を防ぐことができる、ということからついた名前です。

くらべる

ハイネズ【這杜松】

ネズミサシの同属で、幹が地をはう。果実は球形。はじめ緑色で、翌年あるいは翌々年の10月頃に黒紫色に熟し、表面は白いロウ質に覆われる。

針葉

束生・輪生

ネズミサシの仲間セイヨウネズ（ジュニパー）の果汁は蒸留酒ジンの香りづけに使います。

トドマツ【椴松】

Abies sachalinensis マツ科

常緑

別名：アカトドマツ
分布：北海道
樹高：25〜30m
花期：6月

雌雄同株。雄花に、円筒状に雄しべが集まります

● 葉身は線形で、長さ4〜6cm、幅1〜3mm。葉の先はあまり尖らないかへこむ

● 青みを帯びた緑色

原寸

表

原寸

裏

● 幅の狭い2本の気孔群がある

50%

● 葉はらせん状に互生する

枝先は上向き、老木では下を向くものがあります

針葉
互生

樹皮は灰褐色で平滑。地衣類に覆われて白色になっているものもたくさんあります。老木では割れ目があります

エゾマツとともに北海道を代表する樹木

山地に生え、北海道では広く植林されている常緑高木で、材は建築材などに利用します。枝は斜め上に伸び、雄花（おばな）は前年枝の葉腋（しようえき）に群がってつき、紫紅色の雌花（めばな）は直立します。本種はモミ属で、北海道を代表するもうひとつのエゾマツはトウヒ属、少し似ていますが、枝が垂れ下がり、球果は下向きにつきます。また、葉は本種よりかたく、先が尖っています。

名はアイヌ語のtotoropからともいわれます。

エゾマツ【蝦夷松】

Picea jezoensis var. *jezoensis*　マツ科

常緑

別名：クロエゾ
分布：北海道
樹高：30〜35m
花期：5〜6月

● 葉身は線形でかたく、長さ1〜2cm、幅1.5〜2mm。葉の先は尖る

 表

● 緑色で光沢がある

 原寸
 裏

● 白色の幅の広い気孔群が2本ある

● 葉はらせん状に互生してつく

 50%

雄花（写真）も雌花も円柱形をしています

樹皮は灰黒褐色。不規則な鱗片状の深い裂け目があります

幹の直径は1m。円錐形で枝はやや垂れます

属は違うが、トドマツとよく似た木

トドマツ（P.298）と並び、北海道の針葉樹林を構成する主要な樹木のひとつです。山地に生え、庭木や公園樹として植えられる常緑高木です。材は建築材やパルプ材になどに利用されます。仲間のアカエゾマツは樹皮が赤く、葉がエゾマツの10〜20mmに比べ6〜9mmと短く、葉の断片はエゾマツが扁平(へんぺい)なのに対して、アカエゾマツはひし形をしています。

🔍 くらべる

トウヒ【唐檜】

よく似たエゾマツの変種で、本州中部と紀伊半島に分布。葉はエゾマツより短く、球果は3〜6cmで小さい。分布域で両種は判別できる。

針葉

互生

 別名のクロエゾは、アカエゾマツに比べて樹皮が黄褐色で黒っぽいことから。

シラビソ【白檜曾】

Abies veitchii マツ科

常緑	別名：シラベ
	分布：本州、四国
	樹高：25m
	花期：6月

●葉身は線形で、長さ1.5〜2.5cm、幅2mmほど。葉の先は円いか少しへこむ

原寸 **表**
●濃緑色で光沢がある

原寸 **裏**
●白色の気孔群が2本ある

50%

●新葉は色鮮やかな黄緑色

●葉はらせん状に互生し、斜めにつく

雌花は直立。雄花はぶら下がっています

見上げると枝が透けて見えます。幹は直径80cmほど

針葉

樹皮は灰白色。滑らかで、所々に横長のヤニ袋があります。若枝には褐色の短毛があります

互生

中部地方の亜高山帯を代表する針葉樹

亜高山帯に生える常緑高木で、日本固有種です。材は建築材やパルプ材などに利用します。雌雄同株で、雄花は前年枝の葉腋に下垂し、雌花は暗青紫色の円柱形で、前年枝の葉腋に直立してつきます。雪が多い地帯では、よく似た同属のオオシラビソが分布しています。オオシラビソは上から見たときに葉に隠れて枝がよく見えませんが、本種は透けて見えます。

ヒソはヒノキの細材の古語。灰白色でヒノキの代用とされたことからの名前という説もあり。

300

ツガ【栂】

Tsuga sieboldii マツ科

別名：トガ
分布：本州、四国、九州
樹高：25〜30m
花期：4〜5月

● 葉身は線形で、長さ10〜20cm、幅1.5〜2.5mmほど。葉の先はわずかにへこむ

原寸 **表**

原寸 **裏**

● 白色の気孔群が2本ある

● 緑色で光沢がある

雌花。前年枝につきます

原寸

● 葉はらせん状に互生する

樹皮は赤褐色〜灰褐色。厚く、深く縦に裂けて不ぞろいの亀甲状にはがれます

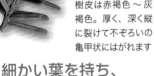

幹は直径1mほど。枝葉が密につき少し崩れた樹形

細かい葉を持ち、やさしい印象を持つ樹

丘陵から山地の尾根などに生える常緑高木です。雄花は前年枝にふつう1個つき、雌花は紫褐色で前年枝の先端につきます。モミ（P.302）と混ざって生えることも多いのですが、本種の葉はやや黄色がかり、先がへこみます。材はややかたく、建築材などに利用されます。同属のコメツガと似ていますが、本種は低地に生え、若い枝に毛がなく、果柄が曲がります。

くらべる

コメツガ【米栂】

日本特産で、ツガより高い亜高山に生え、若枝には毛があり、球果はツガより小さく、果柄はあまり曲がらない。

針葉

互生

 木が曲がることを「トガ」といい、これが変化して名前がついたともいわれます。

モミ【樅】

Abies firma マツ科

常緑

別名：	なし
分布：	本州、四国、九州
樹高：	35〜40m
花期：	5月

雄花は多数の雄しべの集まり。雌花は長楕円形

●葉身は線形で、長さ2〜3cm。葉先は、若木では2つに分かれ針のように尖り、老木では円くなるかへこむ

原寸	表

●濃い緑色

原寸	裏

●灰白色の気孔群が2本ある

●葉はらせん状に互生する

45%

樹皮は灰白色。鱗片状に薄くはがれます

幹は直径1.5〜1.8cm。円錐形で直立します

若木は、クリスマスツリーに使われる

海岸近くの丘陵から山地に生える日本固有種の常緑高木で、庭園などに植えられます。雄花は葉腋に下垂、雌花は黄緑色で前年枝の葉腋につき、熟すと球果はバラバラになります。美しい白色の材は耐久性には乏しく、卒塔婆などに利用します。ツガ（P.301）と混ざって生えますが、本種は葉が濃緑色、若木や陰葉の先が尖って2裂する点で区別できます。

くらべる

ウラジロモミ【裏白樅】

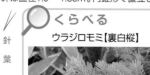

別名ダケモミ、ニッコウモミ。亜高山帯に生え、高さ40mになる高木。モミにそっくりだが、若い枝に毛がなく、球果に苞鱗という爪のようなものが見えない。

針葉

互生

名前は、風と枝が揉み合うから、新芽の見事な「萌黄」からの転訛、など諸説があります。

イチイ【一位】

Taxus cuspidata イチイ科

常緑

別名：オンコ、アララギ
分布：北海道、本州、四国、九州
樹高：15〜20m
花期：3〜5月

●葉身は線形で、長さ2cm、幅2mm。2列に並ぶ。葉の先は急に細く尖るが、触っても痛くない

| 原寸 | 表 | | 原寸 | 裏 |

●暗緑色で光沢はない

●黄緑色の気孔群が2本ある

65%

●葉は対生に見えるが、互生してつく

樹皮は赤褐色。浅く縦に裂けてはがれます

雌雄異株。雄花は淡黄色、雌花は淡緑色

幹は直径1mほど。多数の枝に葉が密につきます

葉や種子に毒があり、要注意の樹木

亜高山帯や寒冷地に生え、庭木や生け垣として植えられる常緑高木です。雄花は葉腋に単生し9〜10本の雄しべが球形に集まります。雌花に数対の鱗片があります。緻密でかたい材は加工性と保存性が高く、鉛筆材としては最良です。葉と種子にアルカロイドを含み、食すと心臓停止で死に至ることがあります。種子を覆う多肉質の仮種皮は食べられますが注意が必要です。

🔍 くらべる

キャラボク【伽羅木】

イチイの変種で別名キャラ。主幹がはっきりせず、枝は横に広がり葉は放射状、イチイのように高くならない。イチイと同様、赤い仮種皮は甘いが、中にある種子は猛毒。

針葉

互生

高官が使う笏の材料で、階位を表す「正一位、従一位」にちなんでついた名とされます。

カヤ【榧】

Torreya nucifera　イチイ科

常緑

別名：ホンガヤ
分布：本州、四国、九州
樹高：25m
花期：4〜5月

雌雄異株。雄花は淡黄色、雌花は緑色

幹の直径は2mほどになります

● 葉身は線形で、長さ約2cm、幅約3mm。葉の先は針のように鋭く尖り、触ると痛い

原寸 **表**

● 暗緑色で光沢がある

原寸 **裏**

● 淡緑色で、白色のやや狭い気孔群が2本ある

● 葉は対生しているように見えるが、互生してつく

75%

樹皮は灰白色。浅く縦に割れて、細長い薄片にはがれます

香りと美しい材が魅力。高級な碁盤や将棋盤の材料

山地に生え、庭木として植えられる常緑高木です。雄花は前年枝につき楕円形で長さ1cm、雌花は前年枝の先に数個つき、その内の1個が熟します。かつて里山の農家では、種子から採った油を食用や灯火用に使いました。材は緻密で耐久性が高く、風呂桶や建築材として使われます。また、きれいな淡黄色で香りもよく、碁盤・将棋盤用の高級材としても知られます。

針葉

くらべる

イヌガヤ【犬榧】

よく似たイヌガヤは別属で、大きいものは高さ8〜10mになる。葉の長さはほぼ揃い、葉の先が短く尖るが、触っても痛くないのでカヤと区別できる。

互生

種子は食べられます。種子から採った油は、髪油（頭髪用の油）にも用いられます。

イヌマキ【犬槙】

Podocarpus macrophyllus f. *spontaneus*

マキ科 常緑

別名：クサマキ
分布：本州、四国、九州、沖縄
樹高：20m
花期：5〜6月

● 葉身は線形でかたく、長さ10〜15cm、幅5〜10mm。葉の先はやや尖る

● 濃緑色で中央に脈がある
原寸

表　裏

● 黄緑色で、中央の脈が隆起している
原寸

雄花は長さ約3cmほど。葉腋に束生します

熟した種子。赤い部分が花托です

葉はらせん状に互生。幹の直径は50cmほど

丈夫で害虫もつきづらく、垣根などとして人気の樹木

海岸に近い山地に生え、庭木や風よけの生け垣などとして植えられる常緑高木です。11月頃、種子が熟すと下についている花托（かたく）が赤くなります。花托は甘みがあり食べられます。材は耐久性が高く、屋根板や桶、下駄などに利用され、またシロアリに強いため沖縄では建築材に用いられます。雌雄異株（しゆういしゅ）で雄花（おばな）は円柱形、雌花（めばな）は葉腋から出た柄（え）の先に1個つきます。

針葉

互生

樹皮は灰白色。浅く裂けてはがれます

 『万葉集』には「マキ」を詠んだ歌が20首ありますが、これはスギやヒノキを指します。

メタセコイア 【－】

Metasequoia glyptostroboides ヒノキ科

別名：アケボノスギ
分布：中国南西部原産、各地に植栽
樹高：25～30m
花期：2～3月

雄花は楕円形で、長さ約5mm

●葉身は線形でやわらかく、長さ2～3cm、幅約1mm。葉の先は急に尖る

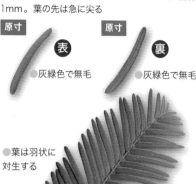

原寸　表　　　原寸　裏

●灰緑色で無毛　　　●灰緑色で無毛

●葉は羽状に対生する

75%

樹冠は円錐形。幹の直径は1～1.5mになります

樹皮は赤褐色。粗く縦に裂け、薄くはがれます

日本人が化石で発見し命名後、中国で生きた姿で発見される

生育が早く樹形が美しいことから、公園樹や街路樹として植えられる落葉高木です。葉は秋に赤褐色に色づき枝ごと落ちます。雌雄同株（しゆうどうしゅ）で、雄花（おばな）は長い花序（かじょ）につき、雌花（めばな）は緑色で短枝（たんし）に1個つきます。1939年に三木茂教授により化石が発見、命名されました。1941年に中国で自生が発見され、1948年に正式に発表、生きた化石として注目されました。

くらべる

ラクウショウ【落羽松】

仲間のラクウショウは、葉は互生し、メタセコイアに比べて果実が大きい。また、膝根が地中から出るのが特徴。公園などに植えられる。

針葉

対生

メタセコイアは、本種の化石につけられた学名で、「セコイアのあと」という意味です。

クロベ【黒檜】

Thuja standishii ヒノキ科

別名	ネズコ
分布	本州、四国
樹高	25～30m
花期	5月

常緑

● 葉は鱗片葉で三角形または舟形、密に十字対生する。長さ2 ～ 4mm

枝表 65%

● 葉の表には腺点がある

● 裏に、灰白色の気孔群がある

枝裏 65%

雄花も雌花も枝先につく雌花（写真）は黄緑色

果実は長さ約1cmの卵形。明るい褐色でその年の10 ～ 11月に熟します

幹は直径1mになります

深山に生える『木曽五木』のひとつ

山地の上部から亜高山帯の尾根筋や傾斜地に自生する常緑高木で、日本固有種です。材は建築、船舶、家具、器具などに多く利用され、木曾地方では、ヒノキ、サワラ、コウヤマキ、アスナロとともに、木曾五木のひとつに数えられています。雌雄同株で、雄花は球形ないし楕円形、雌花は楕円形をしており、小枝の端に1個ずつつけます。

樹皮は赤褐色。滑らかで、縦に裂けて薄くはがれます

鱗片葉

対生

 葉裏の色がヒノキやアスナロと比べて黒っぽいことからついた名ともいわれます。

ヒノキ【檜、檜木】
Chamaecyparis obtusa ヒノキ科

常緑

別名：なし
分布：本州、四国、九州
樹高：30m
花期：4月

●葉身は鱗片葉で、長さ約2〜3mm。
葉の先は尖らない

90%

枝表

●濃緑色で光沢が
ある

雄花は長さ2〜3mm。雌花は3〜5mm

90%

枝裏

●淡緑色。葉と葉が
接する部分に、Y字
形に見える白色の模様
（気孔群）がある

幹は直径60cmほど。葉は十字対生しています

鱗片葉

対生

樹皮は赤褐色。縦に裂けて薄くはが
れます

葉裏に見えるYの文字が、見わけるポイント

材は香りがあり、耐久性が高いことから古くから建築材としてよく利用されてきました。山地に生え、広く植林され、庭園樹や盆栽などとしても利用される常緑高木で、日本固有種です。春に短い小枝の先に雌花と雄花が別々につきます。雄花は黄赤色で楕円形、雌花は球形です。似ているサワラやアスナロとは、葉の裏にある気孔群の形で区別できます。

 名前は「火の木」の意。古くはこの木をこすり合わせて火をおこしたためといわれます。

サワラ【椹】

Chamaecyparis pisifera ヒノキ科

常緑

別名：なし
分布：本州、九州
樹高：30m
花期：4月

木曽五木のひとつで、各地で植林される木

●葉身は鱗片葉で、長さ2〜3mm。葉先は針状に尖ることが多い 枝表 30%

●濃緑色で光沢がある

30% 枝裏

●葉裏は淡緑色。葉の付け根に白色の気孔群があり、X字あるいは蝶の羽の形に見える

山地から亜高山体の沢沿いに自生する常緑高木で日本固有種です。枝葉が美しい園芸品種が多くあります。樹皮はやや灰色を帯びた赤褐色で、縦に裂け薄くはがれます。

アスナロ【翌檜】

Thujopsis dolabrata var. *dolabrata* ヒノキ科

常緑

別名：マキ、アスヒ、アテ
分布：本州、四国、九州
樹高：30m
花期：5月

●葉身は鱗片葉で、長さ4〜5mm。葉の先は尖る

枝表

●濃緑色で光沢がある 25%

枝裏

●葉裏は黄緑色で、幅の広い白色の気孔群がある 25%

裏面に白色の気孔群が目立つ

き こうぐん

山地の尾根や湿原に自生する常緑高木で、日本固有種です。材には芳香があり耐久性も高いため、建築材に使われます。樹皮は赤褐色で古くなると黒褐色になり、縦に浅く裂けて薄くはがれます。

鱗片葉

対生

 アスナロやアスヒは、「明日、自分より優れた木であるヒノキになろう」という意味の名。

植物観察を楽しむために

　植物は動けないので、観察は簡単と思われるかもしれませんが、花の咲く時期が年によって違ったり、環境の変化で消えていたりと、探すのはなかなかスリルがあります。目的のものを見つけたときの喜びは格別です。

■■ 服装 ■■

　ハイキングのときの服装が最適です。夏は涼しい姿で速乾性の生地のものを、冬は保温性の高い素材のものを着るようにしましょう。

帽子
キャップ、または日よけのツバのある帽子がおすすめです。

上着
日焼けや虫刺されを防ぐためにも、長袖シャツを着用しましょう。

長ズボン
草で足を切ったり、マダニなどから肌を守るために長丈のズボンをはきましょう。

ベスト
ベストのポケットは、ルーペや観察ノートなどの小物を入れるのに便利です。また、肩から斜めにかけられる小型のポーチなどでもよいでしょう。

手袋
枝やとげ、汚れから手を保護します。指先が出ているものは作業がしやすいので便利です。

靴
ハイキングシューズか軽登山用の靴がおすすめです。

■■ 持ち物・道具 ■■

　植物観察に何を持っていくかいろいろと考えるのも楽しいものです。なくても支障がない道具もありますが、持っていくと楽しみが増えます。

● デジタルカメラ

マクロ撮影など本格的に植物写真を撮るには、一眼レフカメラがよいでしょう。コンパクトデジカメも植物撮影に適した機種があります。画像で記録を残しておくと、あとで名前を調べるときに便利です。

● ルーペ（虫眼鏡）

小さな花の形や毛の生えている様子、腺点の有無など細かい観察では必需品です。使うときは、ルーペを目のすぐ近くに固定し、見るものを焦点が合うまでルーペに近づけます。

● 図鑑

その場で植物について調べられて便利です。まず図鑑の写真と絵合わせで探し出し、書いてあることと一致するかチェックしましょう。

● 観察ノート・筆記具

植物の特徴や名前を、その場で記録するようにしましょう。

● 雨具、防寒具、着替え

雨具は必需品です。折り畳み傘と上下がセパレート式になったレインウェアを準備しましょう。冬には防寒具、夏は汗をかいたときの着替えをザックに入れておくとよいでしょう。

● 水＆食料

水は多めに持っていき、こまめに飲むようにしましょう。弁当も忘れずにザックの中に。気軽にエネルギー補給ができるおやつなども入れておきましょう。

観察ノートをつけてみよう

　観察ノートは、植物観察の際の必需品です。観察会で聞いた植物名、その場で見聞きした情報など記入しておくとよいでしょう。あとで撮影した植物の写真に名前を入れるときや、観察会を振り返るときなどに役立ちます。日付と場所も忘れずに入れておきましょう。ノートは罫線の有無など好きなスタイルのものでかまいませんが、ポケットに入るくらいのサイズが便利です。

▼　観察ノートの実例

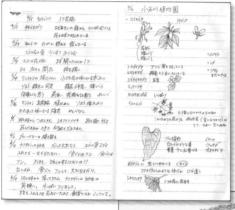

イラストを入れてコメントを添えると、思い出しやすくなります

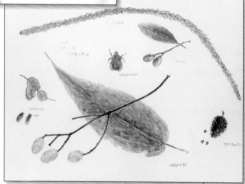

絵が好きな方は紙面をいっぱいに使って自由に描いてみましょう

植物写真の撮影

撮影のコツ

被写体はなるべく美しい姿で、背景がうるさくないものを探します。自分の植物図鑑をつくるなど記録が目的の場合は、全体の姿以外に葉や花のアップ、特徴となる細部も撮っておきます。なお、撮影の際には、ほかの人の通行の邪魔にならないよう注意しましょう。

Step 1

カメラを構えたら両脇をしめてカメラが動かないようにし、手振れを防ぎましょう。慌てず落ち着いて撮影ボタンを押します。

Step 2

画面をのぞきながら構図をよく考え、人の手や足、ゴミなどが写らないように気をつけます。アップで撮るときは、マクロレンズを使って花に近づいて撮りましょう。

Step 3

同じシーンを2枚は撮り、撮影した画像のピントが合っているどうか、その場で確認しましょう。また、色調が明るくて白い部分がきちんと写らないこと（白飛び）がありますので、その場合は露出をアンダーに調整します。

写真整理のポイント

せっかく撮った画像も整理しておかないと、宝の持ち腐れになってしまいます。できる限り撮ったその日のうちに整理をしましょう。時間が経つと、何を撮ったか忘れてしまうことがあります。

カメラからデータを取り出して整理するときには、不要な画像データは削除して、撮影日付と場所、種名を入れましょう。ファイル名は、たとえば「20210515_高尾山（001）　アラカシ」などとつけ方を決めておくと、あとで検索するときに便利です。植物名は、種名だけにするのが肝要です。科名まで入れるとかえって探すのがたいへんです。

植物の名前の覚え方

植物の名前は、自分なりのメモやノートをつくってコツコツと覚えるのが常套手段ですが、いちばんの早道は「人に教えてもらうこと」です。今、植物の趣味の会が全国で盛んに活動しています。それらに入会し観察会などに参加して、詳しい方から教えてもらうのです。せっかく覚えた知識を寝かせておくのは惜しいので、積極的に教えてくれます。名前を教えてもらったら、すぐにメモを取りましょう。

索引

● 太字は見出しで紹介している種です

315

319

監修者　山田隆彦（やまだ たかひこ）

1945年生まれ。同志社大学工学部卒業。現在、公益社団法人日本植物友の会副会長、朝日カルチャーセンターなどで植物講座や観察会の講師を務める。著書に『自然散策が楽しくなる！ 草花・雑草図鑑』（池田書店）、『日本のスミレ探訪72選』（太郎次郎社エディタス）、『万葉歌とめぐる野歩き植物ガイド』（太郎次郎社エディタス、共著）、『高尾山全植物』『スミレハンドブック』（文一総合出版）、『散歩の山野草図鑑』（新星出版社）など多数。

スタッフ

編集	······	松井美奈子（編集工房アモルフォ）
本文デザイン・DTP	···	松井孝夫（スタジオ・プラテーロ）
イラスト	······	横島一幸
		角しんさく
校正	······	大塚美紀（株式会社聚珍社）
協力	······	木川発夫（P.27 カジノキ花、P.34 マグワ花、P.136 エドヒガン花、P.182 ハシバミ花、P.199 ウラジロガシ花、P.282 メグスリノキ花、P.300 シラビソ花、P.293 ゴヨウマツ花）
		小久保恭子（P.80 カゴノキ花、P.221 ケナシヤブデマリ）
		永野賢三（P.15 オオスズメバチ、P.132 ウグイス、P.146 オオムラサキ）
		八田洋章（P.28 スズカケノキ花）
		宮内金司（P.301 ツガ花）
		山口純一（P.163 コゴメヤナギ花・シロヤナギ）
		山田寛治（P.26 オヒョウ花）
		楠橋久子（P.312 観察ノート）
		大松啓子

《主な参考文献》

『絵でわかる植物の世界』大場秀章監修、清水晶子著（講談社サイエンティフィク）／『観察する目が変わる植物学入門』矢野興一著（ベレ出版）／『写真で見る植物用語』岩瀬徹・大野啓一著（全国農村教育協会）／『植物用語小辞典』矢野佐著（ニュー・サイエンス社）／『図説植物用語辞典』清水建美著、梅林正芳画、亘理俊次写真（八坂書房）／『改訂新版 日本の野生植物1～5巻』（平凡社）／『新牧野日本植物圖鑑』牧野富太郎著（北隆館）／『樹に咲く花』（山と渓谷社）／『樹木の葉』林将之著（山と渓谷社）／『花と樹の事典』木村陽二郎監修（柏書房）／『萬葉植物事典』大貫茂著（クレオ）／『万葉集』中西進（講談社文庫）／『フィールドガイド日本のチョウ』日本チョウ類保全協会編（誠文堂新光社）／『週刊朝日百科植物の世界』（朝日新聞社）／『新維管束植物分類表』米倉浩司著（北隆館）／『植物分類表』大場秀章編著（アボック社）／『樹木の葉』林将之（山と渓谷社）／「BG Plants 和名－学名インデックス（YList, http://ylist.info）」米倉浩司・梶田忠

🖉 本書は、当社既刊の「葉っぱ・花・樹皮でわかる樹木図鑑」「葉っぱで見わかる樹木ハンドブック」を、山田隆彦氏の監修・大幅な加筆・写真協力のもとに改訂したものです。

自然散策が楽しくなる！
葉っぱ・花・樹皮で見わける　樹木図鑑

監修者 山田隆彦
発行者 池田士文
印刷所 大日本印刷株式会社
製本所 大日本印刷株式会社
発行所 株式会社池田書店
〒162-0851
東京都新宿区弁天町43番地
電話 03-3267-6821（代）／振替 00120-9-60072

23017002